U0274038

趣味科学探索馆

自然的秘密

邓在红　编著

河南科学技术出版社

·郑州·

图书在版编目（CIP）数据

自然的秘密/邓在红编著. —郑州：河南科学技术出版社，2014.12
（2017.2 重印）
（趣味科学探索馆）

ISBN 978-7-5349-7585-1

Ⅰ.①自… Ⅱ.①邓… Ⅲ.①自然科学-青少年读物 Ⅳ.①N49

中国版本图书馆 CIP 数据核字（2015）第 004676 号

出版发行：河南科学技术出版社
　　　　　地址：郑州市经五路 66 号　　邮编：450002
　　　　　电话：（0371）65788613　65788629
　　　　　网址：www.hnstp.cn
策划编辑：孙　珺
责任编辑：朱　超
责任校对：柯　姣
封面设计：红十月工作室
版式设计：中图传媒
责任印制：张　巍
印　　刷：河北鹏润印刷有限公司
经　　销：全国新华书店
幅面尺寸：150 mm×230 mm　　印张：13　字数：250 千字
版　　次：2014 年 12 月第 1 版　　2017 年 2 月第 3 次印刷
定　　价：28.80 元

如发现印、装质量问题，影响阅读，请与出版社联系调换。

目 录 CONTENTS

三、婀娜多姿的自然现象

四、斑斓无比的海底奇观

五、不可思议的极地现象

十一、令人惊奇的世界之最

十二、谜底重重的未解之谜

十三、被遗忘的世外桃源

十四、被遗忘的人间天堂

十五、独特的峡谷之城

十六、壮丽的瀑布景观

1 探索，是人类谋求生存和永续发展的天然使命；挑战，是人类不断进化和不断创造的原始动力。人类探索自然和挑战自然的历史，可以追溯到很久很久以前。早在远古时期，那神奇的自然中，山崩地裂、四季交替、风雪雷电等种种景象，就让原始的先民们在无比敬畏中萌动着探索的兴趣和挑战的勇气。那无垠的太空中，日月交映、流星陨坠、银河灿烂等种种奇观，更让远古的人类在无限的惊奇中滋生着无尽的遐想和不停的追问。

千万年前，人类的祖先就以自己的血肉之躯，凭借披荆斩棘的顽强斗志，挑战着自然，探索着世界，创造着文明。

千万年过去，一代代传人继承了祖先的挑战传统，发扬着探索精神，以前赴后继的不屈意志，借助智慧的头脑和科技工具，破解着神秘现象，揭开着千古谜团，寻找着科学答案。

21世纪的人类，尽管科技的发展日新月异，但人们对大自然的了解仍然十分有限，仍有许多未知的领域和待解的谜团，等待着新一代的探索勇士去发现。而今天的每个青少年都是未来世界新的发现者与探索者，都是新的科技高峰的征服者和新的奇迹的创造者。

展示在读者面前的这套《青少年科学探索文库》，是专为青少年读者而编写的。青少年读者对新鲜事物具有强烈的好奇心，对神秘现象有着浓厚兴趣，对未知领域有着自发自动的求知欲。本套丛书汇集了当代各个学科领域的科学知识，以新鲜而生动的内容，通俗而有趣的介绍，为青少年读者奉献了一场丰盛诱人的精神盛宴，使青少年在阅读中，读有所知、读有所趣、读有所益。全套丛书共20个分册，每个分册都按不同的专题讲述了不同的科学故事，介绍了多姿多彩、奇妙动人的科学发现，堪称一部普及科学知识、启蒙科学探索精神的知识全书。

2 《惊撼神奇自然》一书是这套丛书的分册之一。自然界中天然存在着无数玄妙的现象和无数神奇的奥秘。本书以科学的知识导航，引领青少年读者走入令人震惊和无比敬畏的神秘世界中，一览奇异风光，一探科学迷团。全书以有趣的故事、科学的道理，展示了大自然的神奇魅力，读来妙趣横生，引人入胜。青少年朋友通过本书的介绍，既能学到有益的科普知识，了解自然界中的奇闻异事，又能激发科学探索的兴趣和热情。

3 青少年是人类社会未来的希望。用科学思想武装青少年，使他们具有科学的探索精神，这样他们就能够为明天的人类社会创造更大更多的奇迹。希望这套丛书能够引发青少年读者学习科学知识的兴趣，能够激发他们探索科学世界的勇气和热情，从而使他们成为未来社会大有作为的一代新主人。

编著者

2012 年夏

一、令人惊叹的地貌奇观

大自然是最神奇的雕塑大师，光阴岁月犹如自然之神的刻刀，整个地球便是大自然造就的艺术作品。于是，今天的人类见到了铺陈在地球表面的自然杰作：高低起伏的山峦，奇特壮丽的原野，鬼斧神工的地形，千奇百怪的地貌，以及数不胜数、神秘莫测的风景奇观，令人目不暇接，惊叹不已。

1．白雪掩映下的"棉花堡"

世界上有很多雪山，这些雪山大多是终年积雪。然而，在土耳其却有一座满山皆白的无雪的"雪山"，当地人叫它"棉花堡"。

棉花堡位于土耳其西部，高达千米的山坡从上到下都被皑皑"白雪"覆盖着，一年四季都是这样，即使是最炎热的夏季，这些"雪"也一点儿都不融化。晴朗的日子里，强烈的阳光照在山坡上，白光闪耀，晃得人睁不开眼。没有阳光的时候，在昏暗的天空下，整座山依然是那样白，就像一个巨大无比的棉花堆，由此而得出了棉花堡的名字。这种独特的美景使棉花堡成了闻名世界的自然奇观。

棉花堡的"雪"为什么总也不会融化呢？其实这满山的积雪并不是雪，只不过是覆盖在山石上的碳酸钙沉积物。云南中甸白水泉的水只流向一面山坡，所以碳酸钙沉积形成的"雪"也只在这面山坡出现。而棉花堡的这眼泉却位于山顶部，并且是一眼温泉，泉水中的钙质含量很高，泉水从泉口流出后就向四处漫流，而从泉水中

沉淀出来的碳酸钙则布满了整个山岭，"雪山"也就形成了。

这些碳酸钙沉积物在山坡上堆成了一些垄坎，沿山坡流淌的泉水在这些小堤坝间积存下来，形成了一个个小湖池，平静的水面就像无数块蓝色的宝石，镶嵌在积"雪"的山坡上。站在山顶向下俯望，白玉般的山坡上镶着无数光彩夺目的蓝宝石，仿佛进入了童话世界。

2. 恐怖异常的"魔鬼城"

这是一个荒无人烟却又热闹非凡的"魔鬼城"。远眺整个城市，就像中世纪欧洲的一座大城堡，不由得让人想起《西游记》中对妖洞魔府的某些描绘。那里大大小小的房屋林立，高低错落有序。当艳阳高照，微风拂面时，如果你能来到城堡中漫步，就会听到一阵阵似从远处飘来的动人乐声，轻拂人心；可转眼间，大风四起，城堡内顿时飞沙走石，天昏地暗，原先美妙的乐声立即被各种可怕的怪叫声所代替，它们像马叫，似鬼嚎，整个城堡被笼罩在一片朦胧的昏暗中，令人毛骨悚然。它，就是新疆著名的乌尔禾魔鬼城。那么究竟是谁建造了它？而那些奇异的声音又是从哪儿来的呢？

这座魔鬼城位于准噶尔盆地西北边缘的佳木河下游乌尔禾矿区，西南距克拉玛依市100多千米。因为它那独特的风蚀地貌形状怪异，所以当地蒙古族人将此城称为"苏鲁木哈克"，哈萨克族人则称"沙依坦克尔西"，意为魔鬼城。其实，魔鬼城并非是城，也非魔鬼所为，而是千百万年来由风力所塑造的，地质学上称为雅丹地貌的风蚀城堡。

"雅丹"是地理学名词，在维吾尔语中意为"险峻的土丘"，因我国新疆孔雀河下游雅丹地区发育最为典型而得名，现专指干燥地区发育的风蚀土墩与风蚀凹地相间的一种特殊地貌形态。之所以形成这种地貌，是由于此处沙漠里基岩构成的平台形高地内部有节理或裂隙，暴雨的冲刷使得裂隙加宽扩大，之后由于大风不断剥蚀，渐渐形成风蚀沟谷和洼地，孤岛状的平台小山则变为石柱或石墩。这种地貌是由三叠纪、侏罗纪、白垩纪的各色沉积岩组成的，天长日久就形成了这种绚丽多彩、姿态万千的自然景观。

整个魔鬼城方圆约 10 平方千米，地面海拔 350 米左右。据考察，在大约 1 亿年前的白垩纪，这里是一个巨大的淡水湖泊，湖岸生长着茂盛的植物，水中栖息繁衍着乌尔禾剑龙、蛇颈龙、准噶尔翼龙和其他远古动物，这里是各类生物欢聚的"天堂"。后来经过两次大的地壳变动，湖泊变成了间夹着砂岩和泥板岩的陆地。整个城堡呈赭色，表层由红土组成。扒开薄薄一层红土，就会出现岩石。这种岩石在长期的风化、风力磨蚀、重力崩塌以及流水的溶蚀、切割等综合作用下，加上各岩石之间在硬度和其他性质上存在着差异，因而形成了一些平台、方山、峰林、石谷以及针、柱、棒状等特有的地貌景观。这些残余的平顶小山，状似颓废破败的城堡，或像断壁残垣的建筑物，所以当地的蒙古族人或哈萨克族人形象地称它为魔鬼城。

这一地区更有各种珍奇的石种，而且蕴藏量极大，除有动植物化石外，还有结核石、彩石、泥石、玛瑙石、戈壁玉、结晶石、水晶石等。其中卵石状的五色植物化石、砂岩结核石、石英质彩石等在全国都颇有名气，特别是五色玛瑙质植物化石、砂岩结核石在国内其他地方尚未发现，属于绝无仅有的宝石，又具有很高的考古、观赏和收藏价值。而在起伏的山坡地上，散布的血红、湛蓝、洁白、橙黄的各色石子，为魔鬼城增添了几许神秘色彩。

我国新疆地域辽阔，四周环山，在南北两边都有较大的山口。大西洋和北冰洋的冷空气流经山口进入新疆北部，然后绕过天山东段，进入塔里木盆地，在沿途各地造成长时间的区域大风。新疆的风持续时间非常长，一年可达 100 天以上。所以每当风起，这里便会飞沙走石，发出尖厉的声音，这正是魔鬼城内发出阵阵怪声的原因。

在我国新疆，雅丹地貌面积广阔，所以这种自然形成的魔鬼城有许多。在新疆准噶尔盆地东部的将军戈壁上，就有一处自然天成的"城堡"也被称为魔鬼城，这就是奇台魔鬼城。这座"城"的面积大约80平方千米，与乌尔禾魔鬼城同属典型的雅丹地貌。奇台魔鬼城周遭光怪陆离，极像一个古代的城堡。岩层错落有致，好像一排排门窗，甚至还耸立着一大一小仿佛门楼的巨岩。那种酷似人工建筑的逼真程度叫人惊叹不已，所以称它为"城"是一点也不过分的。那个"城楼"的神奇还在于它随着时间的不同而不断变幻色彩。当旭日东升时，从远处望去，"城楼"就像一对披着晨光的武士，忠实地守卫着城堡的安宁；当黄昏初上，明月当空，那个高一些的岩石就像个戴斗笠的老爷爷正讲述一个古老而神奇的故事。看着那一幕安享天伦的幸福情景，你无论如何也不会把它和"魔鬼"二字联系在一起。只有在大风之夜，才会真正领略到它"魔鬼"的一面。这时，整个魔鬼城一片鬼哭狼嚎，有的如魔鬼气急败坏，声如洪钟；有的细如妇泣，悲悲凄凄；还有的尖声怪叫，让人不寒而栗。

3. 无法破译的密码：纳斯卡线条

在南美洲西部的秘鲁南部，有一个名为纳斯卡的沙漠平原，这里气候干旱、寸草不生，是一个贫瘠荒芜之地。有人说它近似月球表面，也有人说它干旱的环境与火星相像，可近年来，却有越来越多的学者和游客纷纷踏上这片不毛之地，亲眼目睹远古时代的杰作——纳斯卡线条。

蜘蛛、老鹰、卷尾猴，这些常见的动物形象被描绘在这片神奇的土地上已长达2000年之久，除此之外还有300多个线条或笔直或不规则的几何图形清晰可见。但是，这些图形并不是简单地在小范围内堆砌，而是以线条的形式由卵石和碎石块在数百平方米的地面上堆成长垄，形似沟槽，人们要乘坐飞机在 300 米的高空中才能一览全貌。

20 世纪 30 年代，美国人保罗·科索克驾驶飞机飞过纳斯卡平原，无意中俯瞰地面，发现了这些神秘的线条。开始他以为那些线条是乡间的小路，但是后来他发现这些"小路"是连在一起的，而且构成了很多图案。这次偶然的发现引起了全世界广泛的关注。

乘坐飞机从空中看，这些巨大的线条好像是一个巨人随意涂鸦在平原上的，它们或交织，或平行，有的像文字，有的像道路，呈方格、圆圈、螺纹或其他不规则形状。在这些千奇百怪的图案中，最吸引人们的是那些由线条构成的动物形象，其中以鸟类图形最多，人们已发现长度达几十米的图案就有 18 个。这些图案中最大的是一幅蜥蜴图，身体居然长达 200 米，其他图案特征比较明显的还有以一条单线砌成的近 50 米长的蜘蛛图、长达 130 米的巨大卷尾猴图等。

所有这些线条图案从空中看呈现白色。据专家勘测，古纳斯卡人刮去了地表几厘米的岩石沙砾层后，地面上露出了苍白色的土层，土层中遍布浅色卵石，而这些浅色卵石正是他们创造这些线条的原材料。纳斯卡平原是地球上最干燥的地区之一，生态环境非常恶劣，甚至有专家认为这里的环境与火星相类似。少风少雨、极度干燥的气候环境使得纳斯卡线条在历经 2000 年之后依旧保存完整。

由于占地面积非常广，人们如果站在纳斯卡平原上，根本无法看出这些线条的特殊之处，更无法判断出这些线条构成的是什么图形。据专家计算，构成这些巨大图画的每条线都需要用去几吨重的小卵石，而且还需要细致地绘图、测量，才能确定它们的准确位置。而 2000 年前的纳斯卡地区尚处于原始社会，甚至有些地方至今还停留在石器时代，这就与这些巨大图画所代表的高水准的设计、测量和计算技术形成矛盾，那么这些巨画究竟是怎样制作出来的呢？

面对神奇的纳斯卡线条，人们不禁怀疑，这究竟是天工天匠的杰作还是古人的伟大创举？很长时间以来，这个问题一直令科学家感到困惑。

4. 神秘的南极"无雪干谷"

有"白色大陆"之称的南极洲，是世界上人类最少涉足的大洲，而且是唯一一片没有土著人居住的大陆。在那里有着许多人们无法解释的现象，冰雪世界中的无雪区域——"无雪干谷"就是其中最神秘的一个。

从高空俯瞰，南极大陆是一个中部高四周低、形状极像锅盖的高原。总面积达 1400 万平方千米，大部分被冰雪覆盖。这个被形象地称为冰盖的冰层，平均厚度为 2000 米，最厚的地方可达 4800 米。大陆的冰盖与周围海洋中的海冰在冬季连为一体，形成一个总面积超过非洲大陆的白色冰原，这时它的面积要超过 3300 万平方千米。

在南极洲麦克默多湾的东北部，有三个相连的谷地：维多利亚谷、赖特谷、地拉谷。干谷四周被高大的山峰包围着，这些山峰的海拔在 1500 米至 2500 米之间。但奇怪的是谷地中却异常干燥，既无冰雪，也少有降水，到处都是裸露的岩石和一堆堆海兽的骨骸，这里便是"无雪干谷"。走进这里的人都会感到一种死亡的气息，于是它又被称为"死亡之谷"。

无雪干谷为何终年无积雪，人们一直都未找到答案。最初的时候，科学家们猜测是由于地下热泉或者炽热的岩浆的作用，使得这里的冰雪被融化了。可是，他们始终都没有找到有关地下热泉或是岩浆活动的证据。科学家们继续推测，可能是干谷的特殊地形对无雪干谷的形成起了决定性作用，不过这一说法也未被证实。

新西兰在这个无雪干谷的腹地建立起一座考察站，并根据考察站的名字，把考察站的旁边一个湖取名为"范达湖"。一些日本的科学家在 1960 年实地考察了无雪干谷的范达湖，奇异的水温现象使他们感到惊讶，水温在三四米厚的冰层下是 0℃左右，水温在 15 ~ 16 米深的地方升到了 7.7℃，到了 40 米以下，水温竟然跟温带地区海水的温度相当，达到了 25℃。

科学家们非常不解，在这个寒冷的地方，范达湖的水温为何会如此之高，而且越往下越高，到最后水温竟能达到温带海域夏季的水表温度呢？而且科学家们还在湖底发现了大量的盐类，其浓度是海水中同类物质的 6 倍，湖里氯化钙的含量约为海水中的 18 倍。

很多科学家认为范达湖的这些现象，超出了常理，并对测量结果表示怀疑。为了排除偶然的因素或是测量失误的影响，科学家们又对范达湖的水温进行了多次测量。总结多次的测量结果，科学家们更加迷惑不解，因为所有的数据都表明原来的测量结果没有错。那么到底是什么原因造成范达湖的这一现象呢？

日本、美国、英国、新西兰等国的考察队从各个角度对这一疑团加以解释，争论不休。其中有两种学说颇为盛行，一种是地热说，一种是太阳辐射说。不过，这两种学说后来都被科学家推翻了。

在无雪干谷地区，范达湖的秘密还没有被最后破解时，探索者们又发现了另一个无法解释的现象。

从范达湖往西 10 千米的地方，有一个叫"汤潘湖"的小湖泊，汤潘湖的直径约数百米，且湖深只有 30 厘米。这个小湖即使在 -50℃ 的时候都不会结冰，而且汤潘湖的湖水盐度非常高，如果把一杯湖水泼到地上，很快就会在地面上析出一层薄薄的盐。科学家们对汤潘湖进行了仔细深入的探究，发现湖水就是到了 -57℃ 的时候也不会结冰。这可真是一个名副其实的"不冻湖"。

那么汤潘湖的湖水为什么不会结冰呢？有人说湖水之所以不结冰，是由于湖里的盐分较高造成的。有人则分析说，汤潘湖在极低的温度下不结冰，除湖水中较高的盐度之外，可能还有另外一个原因，那就是周围的地热的作用。

无雪干谷、上冷下热的范达湖、常年不结冰的汤潘湖……这一个个难以解释的现象为南极披上了一层层神秘的面纱，吸引着各国探索者的目光，也仿佛在告诉人类，征服自然之路任重而道远，但却其乐无穷。

5. 绵延千米的"巨人之路"

英国北爱尔兰安特里姆平原边缘，沿着海岸在玄武岩悬崖的山脚下，大约由 4 万多根巨柱组成的贾恩茨考斯韦角从大海中伸出来。这 4 万多根大小均匀的玄武岩石柱聚集成一条绵延数千米的堤道，被称为"巨人之路"。在爱尔兰的民间传说中，巨人之路是爱尔兰国王军的指挥官——巨人芬·麦库尔，为了迎接他心爱的巨人姑娘才建造的一条堤道。

从空中俯瞰，巨人之路这条赭褐色的石柱堤道在蔚蓝色大海的衬托下，形成壮观的玄武岩石柱林，气势磅礴，格外醒目。巨人之路的每根玄武岩石柱都是由若干块六棱状石块叠合在一起组成的，宽度约为 0.45 米。有的石柱高出海面 6 米以上，最高者可达 12 米左右，也有的石柱隐没于水下或与海面一般高，这些石柱构成一条有台阶的石道，十分奇特。类似的柱状玄武石地貌景观，在世界其他地方也有分布，如苏格兰内赫布里底群岛的斯塔法岛、冰岛南部、中国江苏六合县的柱子山等，但都不如巨人之路表现得如此完整和壮观。巨人之路和巨人之路海岸，不仅是峻峭的自然景观，也为地球科学的研究提供了宝贵的资料。

巨人之路的形成以玄武岩为基础。北大西洋形成早期，虽然其主体位置已定，但在现已分离的北美大陆和欧洲大陆之间新形成的海道依然处在形成和变化阶段，并导致现在的苏格兰西部内赫布里底群岛至北爱尔兰东部一线的火山活动非常频繁而剧烈。这些古老的火山在其初期时景色十分壮观，但当时情况所留下的最重要的记录就是洪水、高原和玄武岩流。喷发出来的玄武岩流是一种特别灼热的流体熔岩，它的下坡流速每小时超过 48 千米。现今爱尔兰和苏格兰两岛的熔岩高原就是当时大规模的熔岩流形成的。一股股玄武岩熔流从地下涌出，灼热的熔岩逐渐冷却、收缩，最后结晶成玄武岩。在这一过程中，熔岩流收缩得非常平均，以致裂开时形成规整的六棱柱体，这种过程有点像泥潭底部厚厚的一层泥在阳光下暴晒干裂时的情景。同时，由于熔岩流的主要特点是沿火山裂隙直上直下伸展，水流从顶部通到底部，结果就形成了独特的玄武岩柱网络。

巨人之路的形成除了由玄武岩为基础外，还受到大冰期冰川侵蚀及大西洋海浪冲刷作用的影响。波浪沿着石块间的断层线把暴露的部分逐渐侵蚀掉，把松动的搬运走，最终塑造出了玄武岩石堤的阶梯状效果。此外，剧烈的海风和多变的气候也在几百万年的时间里不断地对石柱进行侵蚀和雕琢。

巨人之路不仅展示了玄武岩造就的独特景观，也为一些稀有、珍贵的动植物提供了生存空间。海岸、礁石和鹅卵石堆，乃至草地、灌木丛、荒原和沼泽中各种生物各取所需，比邻而居，生活着约 80 种有记录的鸟类，如笨海鸠、暴风鹱、大隼、黑喉石等，它们在灌木丛中和荒原上游弋、翱翔。

6. 瑰丽神秘的"石花"

我国地域辽阔，地势复杂。从南到北几乎处处皆留下了喀斯特地貌的奇观。其中最具代表性的就是遍布全国的形态各异、景观奇特的钟乳石溶洞。华北的崆山白云洞、广东云浮的蟠龙洞和北京房山的银狐洞是最具特色的钟乳石溶洞。

崆山白云洞位于我国华北平原与太行山余脉交界处，以洞内布满了形态各异、瑰丽神秘的钟乳石而闻名中外。它面积达 4000 平方米，最大的洞厅为 2170 平方米。熔岩造型丰富、密集而又富于变化，堪称大自然的艺术之宫。在北方已发现的溶洞中，是绝无仅有的。洞内的"线性石管"，奇丽的牛肺状彩色石幔、石帘，晶莹如珠的石葡萄、石珍珠等奇异、斑斓的"开花"钟乳石，在国内已属罕见，更奇特的还是"节外生枝"景观。"节外生枝"是一个网状卷曲石，它与普通的钟乳石不同，不是垂直向下，而是凌空拐了一个直角，向旁边生长开去，并且拐弯一段的前端比后端粗壮。为什么它能生成这种造型，令人百思不得其解。此类情况不但是国内首次发现，在国外也未见报道。

与白云洞的特点相类似，广东的蟠龙洞也有许多"节外生枝"的钟乳石。蟠龙洞全长500米，洞分3层，拥有洞穴世界中的稀世珍品——宝石花。蟠龙洞中的宝石花不像常见的滴聚而成的钟乳石那样上下垂直，它们竟横向斜生，甚至反重力作用而向上节节生长。曾有人不经意把一个宝石花碰断，不曾想，这一偶然事件，却使人们发现了蟠龙洞宝石花的一个秘密：一年后，人们发现折断的宝石花又长出了几厘米，要知道，一般的钟乳石、石笋几十年也长不了这么长。

北京房山的银狐洞是我国北方最好的溶洞，景色奇丽，引人入胜。银狐洞深入地下100多米，洞内既有一般洞穴常见的卷曲石、壁流石、石珍珠、石葡萄、石瀑布、石枝、石花、石盾、穴珠、鹅管等，也有一般洞穴中少见的云盆、石钟、大型边槽石坝、方解石晶体。令人不解的是，洞内石花数量多得惊人，形状也十分奇特。洞顶、洞壁以及支洞深处，菊花状、松柏枝叶态、刺猬样的石花密布。至于为什么银狐洞的石花这样多，没人能够解释清楚。还有更奇妙的呢。沿着银狐洞狭窄的洞壁前行10米，来到三个支洞的交会处，这儿的洞顶密布着大朵石菊花，洞底有个1米高的石台，一个长近2米、形似雪豹头银狐身的大型晶体，从洞顶垂到洞底，通体如冰雕玉琢般洁白晶莹，并且布满丝绒状的毛刺，刺长3~5厘米，密密麻麻，洁白纯净。

对"银狐"的成因，有不同的说法。有人从外部成因入手，认为它是由雾喷而后凝聚形成的；有人从内部成因入手，认为它是含有这种物质的水从内部渗透到外部而形成的。究竟孰是孰非，至今尚未有定论。

7. 罕见离奇的"岩溶圣地"

乐业天坑位于我国广西壮族自治区百色地区乐业县。天坑是一种世界罕见的地质奇观，是由于岩溶地区地下河运行形成地表大面积塌陷造成的。它与常说的"岩溶漏斗"不同，岩溶漏斗一般是斜坡，上宽下窄，天坑则是四壁岩石峭立，深百米至数百米以上，犹如一个巨大无比的"桶"。

天坑是一种喀斯特地质洞。岩溶地质作用发生在地面与地下综合作用的基础上，会形成洼地、峡谷。具体的形成过程是：在层理结构发育的碳酸盐岩层下，地下河在不断地流淌，碳酸盐岩因遇水不断被溶蚀，形成越来越大的地下溶洞；而后，地壳突然发生地震或板块碰撞等剧烈震荡，岩层发生垮塌；垮塌后的物质被水流逐渐带走，而余下部分的岩层因剧烈震荡形成许多纵向裂隙，并在水蚀的作用下再次发生垮塌；如此几次垮塌后，地下溶洞终于露出地面，形成天坑。

乐业天坑每一座天坑的坑壁都有明显的阶梯形状和纵向裂隙，这是多次垮塌造成的结果。而纵向裂隙的存在表明这些天坑仍有继续垮塌的可能。同时，乐业地区的地下河也在绝大部分天坑底部被发现，天坑底部都有一个地下洞口，洞内有地下暗河，这些地下暗河四通八达，形成丰富的地下水系，最后全部汇入红水河。

另外，关于乐业天坑成群分布的原因，专家推断，这与乐业县特殊的地质构造有关。地质资料表明，乐业县的地层呈S形旋扭构造，天坑分布的地区正处于这个旋扭构造的中部，即连接两个弧形中转的部位，这个地区在地壳震荡时发生的张力最大，形成拉张裂隙，像切豆腐一样把岩石切成纵向的块状结构，在水蚀的作用下，这些裂隙部位不断发生垮塌，形成天坑。这一推断解释了与乐业邻近具有同样地质条件的凌云、田阳、西林等县没有出现天坑的原因。

二、巧夺天工的自然画卷

世界上有许多游览胜地，那里有美不胜收的风景奇观，是带给人无限快乐的休闲乐园。在那秀丽如画的风景当中，群山巍峨峻峭，泉水灵动清澈，浮云变幻莫测，绿树傲然挺拔；在那趣意盎然的休闲乐园里，每处风光都包含着我们对大自然由衷的赞叹，都能帮助追梦的人实现最浪漫的梦想。

1. 集五岳美景于一身：中国黄山

在中国的安徽南部，有一座集中国各大名山美景于一身的游览胜地，它的名字叫黄山。黄山有泰山之雄伟、华山之险峻、衡山之烟云、峨眉之秀丽、庐山之飞瀑、雁荡之巧石，被誉为"天下第一奇山"。这里山体雄伟，巧石玲珑，万千姿态，尽蕴其中。群山间重峦叠嶂、争奇献秀，三十六大峰，巍峨峻峭，三十六小峰，峥嵘秀丽。明代旅行家、地理学家徐霞客曾两游黄山，赞叹道："登黄山天下无山，观止矣！"因此，黄山又有"五岳归来不看山，黄山归来不看岳"之美誉。

黄山东起安徽绩溪县的大嶂山，西接黟县的羊栈岭南，北起太平湖，南临徽州山区，总面积约 1200 平方千米。

黄山古名黟山，唐代时，传说古代轩辕黄帝曾在这里修行炼丹，历经 8 个甲子（即 480 年）后炼成，服 7 粒得道升天。大唐信奉道教的皇帝唐玄宗听闻后便在天宝六年（747 年）六月改黟山为黄山。

根据地质学家的研究，早在约 2 亿~3 亿年前，黄山所在地区曾是一片汪洋，后来，海水逐渐干枯，陆地渐渐露出，经过一次大的地质运动后，此处完全变成了陆地；约 1.43 亿年前，黄山地区的地壳较为薄弱，地下的炽热岩浆沿着岩石之间的缝隙上侵，并在距地面 3~6 米处冷却下来，形成了黄山的胚胎——花岗岩；大约 6500 万年前，黄山地区发生了一次大规模的地壳运动，花岗岩岩体发生了强烈的隆升，地壳开始产生间歇性抬升；随着地壳的抬升，地下岩体及其盖层遭受风化、剥蚀，同时受到来自不同方向的各种地应力的作用，在岩体中又产生了不同方向的节理；距今约 175 万年以来，地壳继续间歇性上升，逐渐形成了今天的黄山地貌。在黄山的岩体中，由于在矿物成分、结晶程度、矿物颗粒大小、抗风能力和节理的性质、疏密程度等多方面存在差异，形成了鬼斧神工般的黄山美景。黄山，拥有数不尽的胜景，看不完的奇观……

　　莲花峰是黄山第一高峰，海拔 1873 米，为黄山绝顶，也是安徽省最高峰。这里主峰高耸云中，周围群峰簇拥，形如一朵初绽的莲花仰天怒放，故名。登山顶只有一条长 1 千余米、名为莲花硬的道路，沿途奇松夹道，怪石林立，杜鹃满坡，山茶烂漫，景色十分秀丽。峰顶比较平坦，方圆丈余，四周围以护栏。顶上有不少石刻，如"群峭摩天"、"天海奇瀛"、"大巧若拙"等，大都出自名家手笔。每当风和日丽之时，在此可东观天目，西望匡庐，北瞰九华，南视三清，皖南冈峦尽收眼底，置身于此，大有顶天立地之感。

　　鬼斧神工的黄山，风景如诗如画。其中的"黄山四绝"更让人赞不绝口。

　　（1）奇松

　　奇松是"黄山四绝"之首，黄山之松多而奇，落根于奇峰、怪石之中，可以说黄山无峰不石，无石不松，无松不奇。百年以上的黄山松就数以万计，多生长于岩石缝隙之中，盘根错节，傲然挺拔，显示出极顽强的生命力。松因山而出名，山因松而更具生气，黄山松已命名的多达近百株，其中玉女峰下的迎客松尤为出名。这株寿逾 800 年的迎客松挺立于玉屏峰东侧，树高 10 米左右，树干中部伸出长达 7.6 米的两大侧枝展向前方，恰似一位好客的主人展开双臂，热情欢迎海内外宾客，成为黄山的象征。

（2）怪石

黄山怪石以奇取胜，以多著称。山顶、山腰和山谷等到处分布着花岗岩石林和石柱，大都是三分形象、七分想象，似人、似物、似禽、似兽……其形态犹如神工天成，形象生动，构成一幅幅绝妙的天然图画。目前，黄山已被命名的怪石达 120 多处，著名的有"松鼠跳天都"、"猴子望太平"、"飞来石"等。其中飞来石位于平天矼西端的峰头上，巨石高 12 米，长 7.5 米，宽 1.5~2.5 米，重约 360 千克，其下为岩石平台，岩石与平台之间的接触面很小，上面的石头像是从天下飞来的一样，故名"飞来石"。

（3）云海

"黄山自古云成海"，黄山是云雾之乡，以峰为体，以云为衣，其瑰丽多姿的"云海"以美、胜、奇、幻享誉古今，尤其是雨雪后的初晴与日出或日落时的"霞海"最为壮观。奇松、怪石、峰林漂浮在云海中，忽隐忽现，使黄山呈现出静中寓动的美感，置身其中，可领略"海到尽头天是岸，山登绝顶我为峰"的境界。

黄山山高谷深，雨水充沛，在低温和高压的影响下，低层水汽凝结成云雾，形成云海。观云海最好的季节是春天，以玉屏楼的文殊台观前海、狮子峰顶的清凉台观后海、东海门的白鹅岭观东海、排云亭看西海、光明顶看天海最宜。

（4）温泉

黄山温泉古称汤池、汤泉，古名朱砂泉，由紫云峰下喷涌而出，与桃花溪隔溪相望，已有千年历史，自古享誉九州。相传轩辕黄帝就是在此沐浴七七四九天，得以返老还童，羽化升天的，故誉为灵泉。温泉流量稳定，久旱不涸，每小时出水量 48 吨。水质以含重碳酸为主，富含多种对人体有益的阴离子和人体所需的铝、镁、钾、钠、钙等多种微量元素，泉水异常清澈，无色无臭，其味甘美，常年水温 42℃，可饮、可浴、可医，邓小平曾称之为"天下名泉"。

黄山之水，除了温泉之外，还有飞瀑、明荃、碧潭、清溪。每逢雨后，到处流水潺潺，波光粼粼，瀑布似奔雷、似鼓乐，著名的三大名瀑分别为"人字瀑"、"百丈瀑"、"九龙瀑"。其中人字瀑位于温泉后北侧，其水流从横亘在紫云峰与朱砂峰之间的一块巨壁顶端穿云破雾，分左右奔泻而下，成"人"字形飞瀑，声闻数里，十分壮观。在瀑布背后的瀑床中间的峭壁岩石上，凿有五百级云梯登道，名"罗汉级"，古人都是从这儿登山的。

黄山不仅风光秀美，而且出产名贵的动植物。这里有誉满中外的名茶黄山毛峰、太平猴魁，有我国著名的观赏鸟——红嘴相思鸟，有味鲜肉嫩的鳗鱼和鲶鱼，有属国家保护的白颈长尾雉和白鹇，还有"四不像"、梅花鹿，等等。

黄山犹如天造的画境，没有富丽堂皇的庙宇，也没有宏伟壮观的禅院宫观，全凭自己毫不雕饰的天姿国色成为中国的名山之魂。

2. 海上的珊瑚长城：澳大利亚大堡礁

大堡礁位于澳大利亚昆士兰州以东，南回归线与巴布亚湾之间的热带海域，是世界上规模最大、景色最美的活珊瑚礁群，是澳大利亚最绚丽的天然奇景，这里不但有着世界上最长、最大的珊瑚礁区，更藏着一个变幻多端的海中珊瑚王国。因此，联合国教科文组织于1981年将大堡礁作为自然遗产，列入《世界遗产名录》。除众多美丽的珊瑚岛礁外，大堡礁还分布着许多具有热带风光的大陆性岛屿，白沙绿水，椰林掩映，湖礁辉映的大堡礁成为世界上最大的海洋公园。

潮水退去，遍布的珊瑚礁露出了色彩斑斓的"本来面目"。

大堡礁终年受太平洋的南赤道暖流和东澳大利亚暖流的影响，全年平均水温在20℃以上，加上这一带海域海水浅、含盐度和透明度高，非常适合珊瑚生长。一般的珊瑚最多不过长到80米厚，而这

里的珊瑚厚度竟达到220米，为世界之最。

大部分珊瑚礁平时都没入海中，深藏不露，只有在退潮时才肯呈现出它们多变的美丽身姿。游人可以乘坐直升机从空中俯瞰，礁岛如碧绿的翡翠熠熠生辉，礁顶在起伏的海水中若隐若现，如朵朵花儿在一望无际的碧波上绽放。洁白的沙滩上，郁郁葱葱的绿树林立，整个大堡礁如一个巨大的热带鱼缸，五彩缤纷，奇幻莫测。

大堡礁由2900个独立的珊瑚礁石群组成，绵延在澳大利亚东北海岸，长约2000多千米，总面积8万平方千米，似是一堵巨大的珊瑚墙，矗立在深不可测的海洋中。由于远离大陆，这里的生态环境至今还未受到严重的污染破坏，保持着最自然的原始生态。大堡礁最精彩、最值得期待的部分都在水下。看似平静的海面之下，却是别有洞天。大堡礁为水生动物提供了理想的生活场所。这里生活着1500多种鱼类，有泳姿优雅的珊瑚礁鱼，有色彩华美的雀鲷，还有鹦鹉鱼等。珊瑚礁鱼又称"蝴蝶鱼"，周身布满横七竖八的彩条纹，鳍缘上插满彩色的针刺。五光十色、千奇百怪的鹦鹉嘴鱼穿游在美丽的海葵之间，有如彩蝶在海中花园翩翩起舞。一些鱼在遇到危险的时候，还会利用身体的色彩蒙蔽敌害，保护自己。这里还生长着400多种珊瑚、4000余种软体生物，还可看到世间罕有的儒艮的踪影——不要小看这个样子有几分丑陋的笨重动物，它正是海洋故事中美人鱼的原型。

游人可乘坐装有玻璃底的特制游艇欣赏这"海底龙宫"的胜景：各种颜色的珊瑚虫，有的形如雪中红梅（珊瑚活着时是彩色的，死后自然变成白色），有的状若开屏孔雀，有的像一群鹿角，有的似一窝蜂巢，穿红戴绿的各类鱼类和贝类遨游其中，妙不可言。成群的热带鱼穿梭般游来游去，青紫色的巨蚌从容不迫地把壳一张一合，肥大的海参摇摆，蓝色的海星闪耀，众多的海底生物以及生态系统的复杂程度都让人眼花缭乱，甚至疑心是不是到了神话中的水晶宫，才有机会见到水族如此齐聚的宏大场面。

来到大堡礁，只有亲身到水中走一遭，才能完全体验它的奇妙。潜入缤纷的水底，如同置身电影《海底总动员》那个幻想中的世界。电影中所有有趣的用色，都让你在这里有近距离观赏接触的机会，与鱼儿同游，与珊瑚共呼吸，与海龟嬉戏，精彩无限，刺激无穷。

3. 神秘诱人的雪域高原：中国西藏阿里

如果说青藏高原是世界的屋脊，是近年来旅游者最向往的圣地，那么作为青藏高原上海拔最高、高原形态最完整的地理单元，阿里则集中了西藏地理与文化几乎全部的精粹，被称为"世界屋脊的屋脊"，是西藏最神秘诱人的地方。

阿里位于西藏西部，大部分地区海拔在 4600～5100 米。通往阿里的新藏公路几乎是阿里与外面世界的唯一通道，也是世界上海拔最高的公路。行走在这条路上，阿里高原的自然风光和风土民情尽收眼底。

这里幅员辽阔、地形独特，众多的雪山连绵起伏，昆仑山脉、冈底斯山脉、喜马拉雅山脉林立四周，气势磅礴地将阿里环抱其中，成为中国西南边疆的天然屏障；数不清的湖泊散布在一望无际的辽阔草原上，美丽绝伦；各种高原珍稀动物和名贵的植物让人眼花缭乱，如大自然的天然牧场。

阿里境内的冈仁波齐雪山是藏传佛教的四大神山之一，被佛教信徒认作是世界的中心。峰顶终年积雪，在阳光照耀下闪烁着圣洁奇特的光芒。距离神山不远，则是与之并列齐名、被称为"圣湖"的玛旁雍错，幽蓝的湖面碧波荡漾，传说这里的水永恒不败，能洗净人的一切罪孽、一身风霜。

狮泉河、孔雀河、象泉河和马泉河是这里最著名的四条大河，狮、象、马、孔雀是天国中的四大神物，虽然这几个名字可能听起来陌生，但它们却分别是印度河、恒河、萨特莱杰河和雅鲁藏布江的源头。

壮美的雪域风光，恢宏的自然造化，秀美的高原山水，多彩的民族风情，高深的藏传佛教文化，阿里的纯净绝美仿佛不沾凡尘的仙境，似一朵高贵的雪莲，远离人烟，忍受着寒冷与孤寂，但是每一片花瓣都散发出骨子里的冷傲与香艳，势不可挡，让人情不自禁地想去接近，感受这世界上最清冷的芬芳。

4. 秀甲天下的文化匡庐：中国庐山

庐山是中国著名的风景区和避暑胜地，地处江西九江市南面的鄱阳湖畔，因传西周时期有匡氏七兄弟结伴在此隐居，故又称之为匡山、匡庐。其雄奇俊秀的山峰，变幻莫测的云海，神奇多姿的流泉瀑，文明悠久的历史古迹，温和湿润的适宜气候，使庐山获得了"匡庐奇秀甲天下"的美誉。1991 年庐山风景区被评为中国旅游胜地四十佳之一，1999 年被列入世界文化遗产。

庐山自司马迁将其载入《史记》后，无数帝王将相、名士官宦、文人墨客均来此寻幽探奇，陶渊明、李白、白居易、欧阳修、苏轼、陆游、徐志摩等都纷至沓来，在此留下过名篇佳作。自东汉以来，庐山又成为佛教中心，后儒、释、道并盛于此，并有三大名寺、五大丛林、十八处道观。庐山实在可以称得上是一处鸿儒云集、智能饱和的文化圣地了。

近现代以来，庐山又成为政治风云人物的度假之地，1928 年国民政府的成立，使庐山成为蒋家王朝的夏都。无数次的政治活动、外交、谈判、军事决策都产生于庐山密林里神秘的建筑中。新中国成立后，庐山上又有了毛泽东、周恩来等人住的别墅，庐山又见证了现代政治风云的变化。

李白诗曰："日照香炉生紫烟，遥望瀑布挂前川。飞流直下三千尺，疑是银河落九天。"道出了庐山瀑布的壮美。现在的庐山，以其秀丽的风光、浓郁的历史文化，吸引着世界各地的人们不远千里而来。

庐山之景点，主要集中于山之西北侧和东南侧，五老峰、三叠泉、双龙潭、东林寺、白鹿书院等均是其中较为闻名遐迩的圣地。牯岭镇则为人间天堂，美庐别墅等建筑构成了中国最大的名人度假别墅群。

东林寺的创建者为晋代高僧慧远，慧远主张"内外之道，可合而明"、"苟之有宗，则百家同致"，以佛为中心，融儒、释、道三家为一炉。慧远成为佛教中国化时期的一个重要人物，在佛门和士者中，他享有很高的威望。关于他与东林寺的传说故事，更是不绝于耳，"神运殿"、"鬼垒墙"、"虎丘"、"莲花池"都带着趣事。而最有趣的"虎溪三笑"可以说是这"神仙之庐"的传说代表了，一个是不愿"为五斗米而折腰"的陶潜，一个是道教一代宗师的陆静修，另一个则是"风流天下闻"的一代佛学宗师的慧远。

"庐山东南五老峰，青天削出金芙蓉。九江秀色可揽结，吾将此地巢云松。"五老峰以它的"险削奇胜"及海绵云瀑而名。李白最喜庐山的瀑布，便筑他的太白草堂于五老峰旁的青莲谷，并在此留诗24首。五老峰形如静临鄱阳湖的五老者，或入定如僧，或昂首若士，或垂钓似渔翁，或沉思如墨客，依庐而立，气宇轩昂。

"匡庐瀑布，首推三叠。"三叠泉为庐山第一瀑布，它位于庐山五老峰东侧的青莲涧下，"飘者如雪，断者如雾，缀者如旒，挂者如帘，敌人崖足……"三叠泉又名三级泉、水帘泉，总落差达300多米。

白鹿洞位于五老峰南，因唐朝李渤与其兄李涉隐居于此，并驯养一白鹿而得名，李渤因而被称为"白鹿先生"。南唐开元年间，开始在白鹿洞"建学置田"，称"庐山国学"，建立了庐山的第一所学校。北宋时扩为白鹿洞书院，后毁于战火。南宋时朱熹重建，现书院内还留有朱子祠、御书阁及朱熹所植的老丹桂树。

看罢"乱云飞渡仍从容"的庐山劲松后，便到了一个天然石洞，内有吕洞宾石像、永不干涸的"洞天玉液"、石间古松、采药仙路、

竹林隐寺。当年朱元璋寻到此处而不见故人，便建一亭名御碑，联曰："故从此处寻踪迹，更有何人告太平。"

美庐别墅位于牯岭镇上，为蒋介石、宋美龄在庐山居住的别墅，规模仅次于南京总统府的官邸。别墅旁有龙首崖，为观赏绝壁的绝佳处所；而含鄱口可极目远眺，尽览湖光帆影。

5. 绝妙的天然画卷：日本富士山

富士山被日本人民誉为"圣岳"，是日本民族的象征。富士山是日本第一高峰，海拔 3776 米，山峰高耸入云，山顶白雪皑皑。富士山位于日本本州岛中南部，跨静冈、山梨两县，距东京约 80 千米，为富士箱根伊豆公园的一部分。富士山还是一座比较年轻的休眠火山，其名字的发音"FUJI"，来自日本少数民族阿伊努族的语言，意思是"火之山"或"火神"。

富士山由火山多次喷发出的火山灰、火山渣和火山弹层层交替堆积而成，只有 1 万年左右的历史，其基底为第三纪地层。第四纪初，火山熔岩冲破第三纪地层，喷发堆积形成富士山山体，后又经多次喷发，火山喷发物层层堆积，成为锥状成层火山。

富士山终年积雪的山顶与山脚下姹紫嫣红的繁花相映成趣。

富士山乍一看对称得很"完美"，但严格来说它并非完全对称，这反而增加了它的魅力。富士山的各处山坡向上的坡度稍有不同，因此，山体不是汇集在顶峰一个点上，而是分布在一条曲折的水平线上，富士山的山坡倾斜度为 45 度，近地面时坡度减小，趋于平缓，山底几乎呈正圆形。富士山的四周有八座山峰围绕：剑峰、白山岳、久须志岳、大日岳、伊豆岳、成就岳、驹岳和三岳，统称"富士八峰"。在富士山周围方圆 100 多千米的范围内，人们都可以看到它那终年被积雪覆盖着的，昂然耸立于天地之间的锥形轮廓，异常神圣而庄严。

据文字记载，富士山至少喷发过 18 次。最后一次剧烈喷发是在 1707 年，爆发时，惊天动地，熔岩被喷射到上百米高的空中。目前，火山正处于休眠状态，但它每年仍发生 10 次左右的轻微火山地震，有些地方仍在向外喷发着 80℃的热气。富士山山顶上有一个很大的火山口，像一只大钵盂，日本人称之为"御体"，它的直径有 800 米，深 220 米。由于火山口的喷发，富士山在山麓处形成了无数山洞，有的山洞至今仍有喷气现象。其中最美的富岳风穴内的洞壁上结满了钟乳石似的冰柱，终年不化，被视为罕见的奇观。

富士山的北麓有"富士五湖"，从东向西分别为山中湖、河口湖、精进湖、西湖和本栖湖，海拔都在 820 米以上。其中，山中湖面积最大，约为 6.75 平方千米。其湖东南的忍野村有涌池、镜池等八个池塘，统称"忍野八海"，与山中湖相通。河口湖是五湖的门户，在这里可一览富士山的近貌及其在水中的倒影，是富士山北边景色的点睛之笔。精进湖是富士五湖中最小的一个，但其风格却最为独特，其湖岸有许多高耸的悬崖，地势复杂多变。西湖是五湖中环境最幽静的一个，其湖岸有红叶台、青木原树海、鸣泽冰穴、足和田山等风景区。本栖湖是五湖中位置最靠西的一个，湖水最深，湖面终年不结冰，呈深蓝色，焕发着深不可测的神秘色彩。

美丽的富士山，似一幅绝妙的天然画卷，供人们朝拜和欣赏，供人们赞叹和瞻仰。

6. 天然的艺术山水画廊：中国张家界

位于湖南省张家界市内的武陵源风景区，因处于湖南偏僻的山区，直至 20 世纪 80 年代初才被发现并开发，因而人们称之为一颗多年养在深闺人未识的深山明珠，是自然天成的艺术山水画廊。

　　武陵源风景区集山、水、林、洞之美于一体，峰奇、谷幽、水秀、林深、洞奥，奇特的砂岩峰林景观富于原始的美。这里奇峰林立，森林莽莽，山溪秀丽，洞壑幽深，云雾缭绕，不愧为"大自然的迷宫"。

　　烟雾中的武陵源是那么神奇飘逸，景象万千，险峻中蕴含着柔和恬淡之情，奇山秀水、花草禽兽，同生共荣，浑然一体。这是我国第一个国家森林公园，景区内林海莽莽，奇峰巧石遍布，溪流、山泉、瀑布交错，尤以奇险雄健的黄狮寨，世外桃源金鞭溪，悬崖绝壁的腰子寨，山高险峻、景观奇特的朝天观以及充满原始神秘色彩的砂石沟等名扬四海。

　　天子山神秘、险绝、幽静，尤以石林奇观闻名遐迩。卓立于天子山主峰，举目远眺，方圆百里景观，尽收眼底。天子山有"森林之王"美称，因历史上由土家族领袖向王自称天子而得名。以峰高、峰大、峰多著称的天子山，石峰林立，沟壑纵横。山间飞瀑流泉无数，终日云蒸霞蔚，景色奇幻多姿，云海、朝雾、霞光、夜月、冬雪五大奇观令人叹绝，尤以雨过初晴时分最为壮观。奔涌的云雾形成瀑、涛、浪、絮等多种形态，连绵浩瀚，波澜壮阔。

　　索溪峪的山，多姿多彩，200多座秀峰争翠斗奇；索溪峪的水，于深峡幽谷潺潺流淌，迸珠溅玉，穿石而出，绕山潺缓。山水如屏，如入仙境，令人陶醉。它因溪水状如绳索而得名，以山奇、水秀、桥险、洞幽著称。其西有风景如画的"十里画廊"、石林海洋西海，南有峰峦叠翠的百丈峡、"天上瑶池"宝峰湖，东有地下明珠黄龙洞。

7. 美轮美奂的人间仙境：中国四川九寨沟

　　九寨沟的美丽和神奇不但在中国无可比拟，在世界范围内也是独一无二的，它拥有世界自然遗产和人与生物保护圈这两项桂冠。

九寨沟有原始的生态环境、一尘不染的清新空气和森林、雪山、湖泊组合成神妙、奇幻、幽美的自然风光，原始而神秘。"五彩缤纷看不足，层林尽染正金秋"。九寨沟最美的季节是秋季，此时来到九寨沟，可充分领略到九寨七绝：秋色、彩叶、蓝湖、倒影、飞瀑、激流、栈道。九寨七绝独步天下，是美景中的极致。

　　"九寨水，天下美。"湖泊又称"海子"，108座碧蓝似海的海子散落在山间。它们或聚或分，聚如珠玉相连，离如空谷明珠。清泉自高山流下成瀑布，冲至谷底相互激荡，形成青绿色的激流。激流沿着河道呼啸而过，最后流入海子。

　　九寨沟遍布着瀑布、激流、浅滩和海子。这些景点由长长的栈道串起，这就是九寨沟奇特的山野风光。其中，熊猫海至五花海之间的幽林栈道，长约3500米，格外的精美绝伦。当你穿行于湖光山色之间，眼观美景，耳闻水声，呼吸着洁净无比的空气，好似已置身于人间仙境。

　　树正寨是九寨沟中的投宿中心之一，投宿树正寨，就像住进了一幅山水画中。这里四处林立着藏族风情的旅馆。寨前有一座金黄色的佛塔，是藏族人民拜神念经的场所。寨里面还到处飘扬着经幡，让你随处可感受到神灵的存在。

　　树正寨的后面，便是九寨沟人最崇拜的神山达戈男神山。达戈男神和色嫫女神是藏族中最有权威的神灵。相传达戈和色嫫原是九寨沟的一对情人。有一年，雪山王毁灭了九寨沟的山木湖泊，达戈去雪山寻找能造山林绿海的绿宝石，雪山王暗中给他喝了迷魂汤，使他忘记本性，爱上了雪山王之女宝雪公主。后色嫫用热泪唤醒了他，也感动了宝雪公主。公主帮助他们找到绿宝石，达戈和色嫫也化为两座高山，挡住了雪山王的进攻。从此这对神仙情侣共同守护着九寨沟的美丽。

　　孔雀河蜿蜒而行，两侧杂花绿树，从高处俯视，一道斑驳的激流牵着一个彩色的世界，如孔雀开屏。九寨精华的五花海正位于孔雀河上游的尽头。九寨人说五花海是神池，它的水洒向哪儿，哪儿就花繁林茂，美丽富饶。的确如此，孔雀河四周的山坡，入秋后便笼罩在一片绚丽的秋色中，色彩丰富，姿态万千；湖中水色斑斓，墨绿、宝蓝、翠黄的色块混杂交错，五光十色，似开屏的孔雀；岸上林丛，赤橙黄绿倒映池中，一片色彩缤纷，与水下沉木、植物相互点染，因其美丽无比，故名五花海。

总之，九寨沟这里的小海子、大海子、天鹅湖、翡翠湖等数不胜数，而且，个个宛如珍珠、宝石。湖水清澈透明，水面如镜，翠林倒映水中，构成清新湛蓝的美景。

8. 一派天成的美景：中国浙江千岛湖

淳安人自己将美丽的千岛湖比喻成诗湖、画湖、镜湖、宝湖，可见她不仅拥有诗的意境、画的色彩、平如镜的处子性情以及丰富多彩的各种资源，而且更具有独特迷人的魅力。

千岛湖国家森林公园，拥有千岛湖的 5.4 公顷水域与 1078 个岛屿，是全国最大的国家森林公园。从天池的百龙碑长廊、四叠飞瀑、石文化展览到桂花岛的典型喀斯特地貌景观、满山遍布的野桂浓香，以及密山的湖中仙苑——密山禅寺里的种种名胜典故、羡山的"花果山"野趣、龙山海瑞祠的精雕细刻与古雅朴实、梅峰上的千岛湖真面目、三潭岛的山野之风与民风民趣、神龙岛的蛇世界等，可谓处处皆景，丰富多彩。

由岛乐园、真趣园、奇石苑等组成的五龙岛，即由鱼乐桥、幸运桥、状元桥连接而成一个整体的小岛群。在这里，人们可以体会到与鸟儿对话的真实感受，与它们真正地亲密接触；参观我国第一座锁博物馆，体验蹦床、滑梯的刺激；观看浓郁的淳安特色传统表演——跳竹马、睦剧；参观或购买来自全国各地的奇石，等等，别有一番情趣。

在千岛湖的秀色中行走，会想要做一回山野村夫，过一种朴实田园的日子。三潭岛便为您提供这样的条件，它由山寨遗风区、娱乐参与区、特色餐饮区三部分组成。您可以做那个清晨在溪边淘米的村姑，也可以做午后在院门外忙活着麻绣织物的巧妇。摆弄一下农家的水车，漫步于密林的小路，嬉闹于山里的湖边，与鹿同床，与蛇为友……这样的惬意与闲适，非三潭岛莫属。

温馨岛是千岛湖景区内最具活力的一处景点，它集休闲、娱乐、住宿、餐饮于一体，娱乐项目丰富，物质条件充足，度假氛围活跃，是人们游山玩水的好去处。温馨岛由小木屋、水上娱乐中心、民族歌舞区、千岛蓬莱、临湖餐厅组成，其中集现代水上休闲娱乐精华的温馨岛水上娱乐中心，惊险刺激的感觉将给予您全新体验。不仅如此，激情似火的少数民族风情表演每日四场，让您流连忘返，乐不思归。

千岛湖以其独特的美景吸引着中外游客。

9. 奇异的自然博物馆：加拉帕戈斯群岛

加拉帕戈斯群岛位于距南美洲厄瓜多尔西海岸 800 多千米的太平洋上，赤道横穿其中。该岛是海底火山喷发形成的。据统计，加拉帕戈斯群岛共有大、小喷火口 2000 个，几乎每个岛上都有火山。在很多圆锥形的火山口中还积满了水，成为亮晶晶的火山湖。

为什么加拉帕戈斯群岛的火山如此之多呢？原来，该群岛正好处在三个地壳板块的接缝处——太平洋板块不断向西移动，东北面和东南面分别是两个大陆板块，它们也在向外移动，结果在接缝处就形成了巨大的海底裂谷和许多小断裂带，地球内部的炽热岩浆不断向上喷涌，于是就形成了这个火山群岛。

加拉帕戈斯群岛处赤道地区，本应是那种林木繁茂、高温多雨的热带景象，但这里的自然环境却非常奇特，空气寒冷干燥，植物稀少，还有不少典型的寒带生物。为什么会这样呢？原来，在太平洋东南部有一条巨大的秘鲁寒流，它把南极洲附近的冷水源源不断地向北输送，加拉帕戈斯群岛正好位于这条强大的寒流中间，所以，群岛温度偏低，降水很少，就是在沿海一带，气温也只有20℃左右。奇特的自然环境，使这里的生物世界也与众不同。在加拉帕戈斯群岛，人们可以惊奇地看到成群的南极企鹅。

据专家考查，在群岛上，生活着700多种地面动物、80多种鸟类和许多昆虫，其中的巨龟和大蜥蜴闻名世界。海狮、海豹、企鹅等象征着寒冷的动物，也常在这里的海边出现。因此，科隆群岛被称为"世界最大的自然博物馆"。

长期以来，加拉帕戈斯群岛吸引了无数研究者的目光。1835年，英国生物学家达尔文进行环球旅行时，曾在该岛做过一些极为著名的野外观察，使它名声大振。

10. 蔚为壮观的大潮：中国浙江钱塘江潮

钱塘江潮出现在我国浙江省杭州湾钱塘江入海处附近，因属海宁市，所以又叫海宁潮。钱塘江潮在每年的农历八月十八前后最为壮观。宋代大诗人苏轼曾有"八月十八潮，壮观天下无"的感叹。潮来前，远处呈现出一个细小的白点，不一会儿就变成一条银带，并伴随着闷雷般的潮声。转瞬之间，银带逐渐变成一堵高墙，咆哮奔腾，后浪赶前浪，前后相叠，以排山倒海之势呼啸而来蔚为壮观。

据测量，潮涌的最大速度约为24千米/小时，潮头高度可达3～5米，潮差可达8.9米，波浪激荡之声方圆20千米之内均能听见，不愧是世界上最壮观的江潮。

那么，钱塘江潮为什么比别处的江潮更壮观呢？原来，钱塘江江口的杭州湾呈喇叭形，外宽内窄。涨潮时，海水从宽达100千米的江口涌入，当它进入窄道（最窄处约 3 千米）时，水面便迅速升高，成为涌潮。而此时，钱塘江水因受潮水阻挡而排泄不出，更助长了水位的抬升。同时，钱塘江口横亘着一条巨大的沙坝，潮水受它的阻挡，迅速减慢，而后面的潮水又迅速涌来，一浪高过一浪，不断叠加，使潮头越来越高。而且，在秋分前后，这一带还常刮东南风，风向与潮水方向大体一致，这也助长了潮水的势头。这也是秋分潮比春分潮（此时盛吹的西北风，减弱了潮势）更加壮观的原因。

古代的人们由于认知水平的限制，对钱塘江潮的形成原因无法做出科学解释，只能牵强附会地用神话传说解释。相传春秋战国时期，吴王夫差打败越国，越王勾践卧薪尝胆，准备复国。伍子胥发觉了，屡劝吴王杀勾践，但吴王听信太宰伯嚭的谗言，反而赐剑让伍子胥自刎，并把他的尸体投入江中。伍子胥死后发怒而掀起了钱塘江潮。

传说毕竟是传说，其实，潮汐是一种自然现象。潮水的涨落是海水受月球和太阳的引潮力和地球自转所产生的离心力共同作用引起的。每年的春分和秋分日，地球同太阳、月球的位置差不多成为一条直线，月球和太阳对地球上海水的引潮力就特别强，从而形成大潮。

世界上很多地方受太阳、月球引力的影响和地球自转的作用，都会出现江潮暴涨的现象。如恒河支流胡格利河的江潮前进速度达到 27 千米/小时，沿河上涌 110 千米；湄公河下游的江潮潮差有时高达 14 米；亚马孙河北航道的河口宽 16 千米，这里江潮的涌水量是世界所有江潮中最大的。但它们都不如我国的钱塘江潮著名，钱塘江潮是世界上最壮观的江潮。

11. 昼夜不息的巨大江河：西太平洋的黑潮

黑潮是西太平洋上一条较大的海流。它犹如一条巨大的江河，从南向北，波涛滚滚，昼夜不息地流淌着。由于其流速强、流量大、流幅狭窄，致使其具有延伸深邃、高温高盐等特征。并因其水色深蓝，远看近墨色，因而得名为"黑潮"。

黑潮源地位于台湾东南和巴士海峡以东海域。从台湾东侧流入东海，继续北上，过吐噶喇海峡，沿日本列岛南面海区流向东北附近海域，然后离开日本海岸蜿蜒东去，最后在东经165°左右的海域里向东逐渐散开。

黑潮是由北赤道流转变而来，由于北赤道流受强烈的太阳辐射，因而，海流具有高水温、高盐度的特点。据调查，黑潮表层的平均水温比临近水域的温度高出 5~6℃，在夏季，约为 27~30℃，即使在冬季，黑潮的表层水温也不低于 20℃，因此，人们又把黑潮称之为"黑潮暖流"。

黑潮暖流给它所经过的沿岸各国都带来了影响。

由于黑潮暖流自身拥有大量的热能，黑潮的部分暖水直接或间接参与了陆架海区的环流。例如，流过东海的黑潮暖流，在重返太平洋之前，于日本九州南部海面分出一个小分支北上，形成对马海流。在对马海流的影响下，地处渤海湾内的秦皇岛沿岸，海水温度保持在冰点以上，不致冻结。黑潮的"蛇行大弯曲"使日本沿岸气温升高，空气温暖湿润。

黑潮对渔业生产也有很大影响，主要表现在"海洋锋面"的形成和渔场的形成上。特别是寒流和暖流相会，将使平静的海面受到扰动，引起海水上下翻腾，把下层丰富的营养物质带到表层，促使浮游生物迅速繁殖，渔场也就在这样的条件下形成了。

我国享有"天然鱼仓"之称的舟山渔场与日本东部海区，都处在黑潮暖流的"海洋锋面"上，因而也是世界著名的两大渔场。

三、婀娜多姿的自然现象

地球，是人类生于斯、长于斯的美丽家园。这个美丽家园，不仅提供着人类最需要的生存资源，而且奉献着人类最惊叹的秀色景观；不仅规划着山川大地的布局走向，而且创造着神秘莫测的自然现象：神奇变幻的美丽极光、晴空坠落的五彩冰块、海面飘荡的幽幽火光、显现云端的震兆彩霞……这是大自然随心所欲的恶作剧，还是地球母亲对人类的某种警示？人们至今仍不得而知。

1. 奇异而壮观的极光

1957 年 3 月 2 日晚 19 时左右，我国黑龙江沿岸的漠河到呼玛一带上空，出现了少见的极光。当时人们看见一簇红彤彤的霞光，像一条火红的飞龙腾空而起，把整个北方天空照得血红，眨眼之间，它又变成一条五彩缤纷的弧形光带，向南方延伸而去，尔后颜色逐渐变淡，最终完全消失。

就在同一天晚上，我国新疆的阿勒泰一带的天空上也出现了鲜艳的红光，随后又出现了很多银白色的光带。这些光带一边慢慢移动，一边延伸，原来红色的光幕也逐渐变淡成为淡红色。之后光带逐渐变暗，3 个小时后完全消失不见了。

1989 年 3 月 13 日晚上，从英国的伦敦到中美洲的洪都拉斯，人们发现有一道火红的光幔，裹着淡绿色的彩边，拖着腰带般的流光，像鬼魅似的在浩瀚的夜空中飘动飞舞，大西洋两岸的数千万人翘首

凝望这奇异的自然景观，都惊叹不已。

上边提到的这些奇异壮观的景象，就是著名的"极光"。在南极和北极附近地区，夜间的天空中经常会出现极光，有时候一年中竟可以出现几十次之多。极光刚出现的时候，只是一条中等亮度的光弧，长度一般为数百千米，最长的可达几千千米，而宽度只有十几千米到几十千米。几小时之后，光弧的亮度逐渐增强，并且以每秒几十千米的速度快速移动，其形状也不断发生变化。但美丽的极光存在的时间很短，一般只有几分钟，在它彻底消失之前，人们看到的是一大片微微发亮的天空上点缀着一个个并不耀眼的光斑。

很早以前，人类对极光就有记载。古代芬兰人称它为狐火，他们认为狐火的出现，是因为有一只皮毛闪亮的狐狸在北部的高山上奔跑。对维克人来说，北极光则是那些把战士的亡魂送往英灵殿的战神手中所执的盾。公元37年，罗马军队看到天边的夜空中红光闪烁，以为是他们北方的一个港口发生大火，于是立刻赶去扑救，其实他们看到的是极光。通常，人们都把极光当作不吉利的凶兆。

其实，极光是自然界中最美丽的光芒。它在夜空中轻盈地飘荡着，用优美的舞姿和严寒的南北极空气一起嬉戏，为极地的天空增添了几分神秘的色彩。极光的形态真可以说是千姿百态、婀娜多姿。人们按照不同的形态特征将极光大致分为五种：第一种是底边整齐微微弯曲的圆弧状的极光弧；第二种是有弯曲折皱的飘带状的极光带；第三种是如云朵一般的片朵状的极光片；第四是像面纱一样均匀的帐幔状的极光幔；第五种是沿磁力线方向的射线状的极光芒。

极光不但形态多样，而且五光十色。极光的色彩和亮度简直是绚丽多彩、千变万化，在自然界中没有哪一种现象能与之相媲美。极光的奇妙景象更是瞬息万变、变化莫测，在数分钟甚至几秒钟之内，就可以随意变幻亮度。那深浅浓淡、隐显明暗的五彩色泽就如同万花筒一般多姿多彩，令观看它的人们目不暇接、美不胜收。

那么极光是怎样形成的呢？科学家们经过多年探索，基本找到了答案：极光的出现，与太阳风暴有关，它是太阳风暴与地球磁场相互作用的结果。

每当太阳黑子剧烈活动时，太阳就会释放出大量的热气体、辐射，伴随着因非常光亮而被称为太阳耀斑的巨大爆炸，并且导致猛烈的太阳风暴的形成。太阳风暴席卷整个太阳系，当它以极高的速度冲入离地球80千米～1000千米的高空时，它里面的带电微粒群就会与那里的非常稀薄的各种气体分子发生猛烈碰撞，并产生强烈的放电发光现象，这样，壮观的景象——极光就出现了。科学家发现太阳每11年左右就有一个非常活动期，期间它会发出大量的高能粒子进入宇宙空间，这时出现的极光是最为瑰丽壮观的。

那么极光为什么只在南北两极附近出现，而不在其他地区出现？答案很简单：这是地球磁场作用的结果。地球自身是个大磁场，其磁极是在南北两极。因此，来自太阳的带电风暴总是偏向南北两极活动，极光也就常在那儿出现。

为什么极光的色彩会有种种变化？因为地球高空处的气体分子是多种多样的，不同的气体分子与带电粒子作用时，会产生不同颜色的光，比如，氖气分子发红光，氩气分子发蓝光，氧气分子发绿光或白光……不同的色彩交织起来，使得极光犹如彩虹一样五彩缤纷、奇幻迷人。

2. 飘荡的幽灵："海火"

在伸手不见五指的黑夜里，海船航行在茫茫的大海上，此时，风平浪静，四周死一般寂静。突然，神秘的火光出现在船前方的海面上，闪烁不定，宛如点点灯火，更似飘荡的"鬼火"，令人不免心生几分寒意。

人们把这种海水发光现象称为"海火"。这神秘的海火像一个可怕的幽灵困扰着人们。常言说得好，"水火不相容"。可是，海面上燃烧着火焰的事儿又明明出现在人们眼前，一时还真让人想不明白。

1933年3月3日凌晨，日本三陆发生了海啸，那里的海火更显奇异：海啸卷起的波浪涌上岸时，人们在浪头底下发现有三四个圆形发光物。它们横排着随浪往前推进，发出的光是青紫色的，亮度能照亮周边那些随波逐流的破船碎块。一会儿，互相撞击的浪花，把这圆形的发光物搅碎，接着就不见了踪影。

1975年9月2日傍晚，在江苏省近海朗家沙一带，海火再一次出现在人们的面前。海面上的波浪起伏不定，光亮如同燃烧的火焰，向上升腾不息，直到天亮时才逐渐消失。第二天晚上，神秘的光亮依旧出现在海面上，而且比第一天还要强。这种情况持续了一周，到了第七天，眼前的景象让人越来越迷惑：海面上涌出许多泡沫，渔船激起的水流就像一道耀眼的光束，明亮异常，伴着光亮，水中还有珍珠般的颗粒在闪闪发光。但是奇景过后几个小时内，这里便发生了一次地震。

1976年7月28日，唐山大地震的前夜，人们在秦皇岛、北戴河一带的海面上，也曾见过这种发光现象。尤其在秦皇岛附近的海面上，仿佛有一条火龙在闪闪发亮。

根据以上这些现象，有人得出结论：海火出现，总是与地震或海啸等灾难的发生有关系，海火就是不祥之兆。这一说法，更增添了海火的神秘感与恐怖气息。

专家们经过深入研究，终于揭开地震跟海火的关系。原来，这种跟地震一起出现的海火，是一种与地面上的"地光"相类似的发光现象。当强地震发生时，海底出现了广泛的岩石破裂现象，由此会发出令人感到炫目耀眼的光亮。美国一些学者对圆柱形的花岗岩、玄武岩、煤、大理岩等多种岩石试验样品进行压缩破裂实验后发现，当压力足够大时，这些试验样品便会发生爆炸性碎裂，并在几毫秒内释放一股电子流，电子流激发周围气体分子发出微光。如果把样品放在水中，其碎裂时产生的电子流能使水发光。当强烈地震在海底发生时，海底里的这些岩石就会出现广泛性的岩石破裂，并在几毫秒内释放出一股电子流，冲出海面发出亮光，形成海火。而且这股电子流的强度很大，足以产生使人感到炫目耀眼的光亮。

所以，地震海火的产生与这种机制有关。根据此理论，如果海火出现的次数多并且特别明亮时，人们就要警惕地震或者海啸的发生了。

但是，也有人亲眼看到一些海火出现后，并没有引来地震或海啸，这又如何解释呢？科学家们认为，这种情况就跟地震没什么关系了，主要跟海洋中一些发光生物有关。海洋里能发光的生物很多，除甲藻外，还有菌类和放射虫、水螅、水母、鞭毛虫以及一些甲壳类动物。除此之外，海里有些鱼类更是发光的能手。持这种观点的人认为，海水中有些生物受到外界环境的扰动时，会发出异常的光亮。比如当海水受到地震或海啸的剧烈震荡时，或者轮船巨大的噪声都会刺激这些生物，使它们发光，由此产生海火现象。

然而，另一些研究者对此持有异议。他们提出，在狂风大作的夜晚，海水同样也会激烈地涌动，却为什么没有刺激这些发光生物，使之产生海火呢？由此，他们得出的结论是：海洋中发光浮游生物大面积密集时，即使不受外界刺激，也会发生海水发光的现象。

更多的学者认为，海火作为一种自然现象，很可能有着复杂的成因机制，生物发光和岩石爆裂发光可能只是其中的部分原因而已。海火究竟还有什么成因，这有待于科学家们进一步研究。

3. 色彩绚烂的球形闪电

球形闪电，顾名思义，其闪电形如球状，个别的还带有"触角"和"尾巴"，直径小至几厘米，大到近 10 米，一般是 10～20 厘米。这是所有闪电中色彩最美最奇妙的一种。通常会在强雷暴发生时出现，从产生到消失一般只有几秒钟到几分钟，其间亮度、形状、大小都基本不变。它时而呈鲜红色或浅玫瑰色，时而为蓝色或青色，时而又是刺眼的银白色，真可谓"变色闪电"。球形闪电是个慢性子，滚动起来慢慢悠悠，与人跑步速度差不多。有时滚着滚着，就会突然停下，悬在空中。它还有个嗜好：钻洞。或是钻烟囱，或是钻门窗，乘人不备，溜进屋里，像个顽皮的孩子，打着唿哨，喊喊喳喳地转一圈后又溜出屋去，或是一声闷响，像跟人藏猫儿似的，忽地一下不见了。消失时常伴有爆炸，发出巨响。爆炸时空气发生化学反应产生一氧化碳和臭氧，发出刺鼻的气味。如果碰到什么东西，它就会大发脾气，喷出无情的火花，将其一烧而尽。

世界关于球形闪电的记载很多，在我国就有多起。

1956 年，在大雨倾盆的时候，一个球形闪电闯进了我国东北的一个农户的农舍里，连续撞倒几人，一人毙命，七人被烧伤。

1981 年 7 月 24 日的晚上，在上海高桥车站花圃，随着一声惊雷，突然有两个罕见的橙色球形闪电发出刺耳的呼啸声，从云中滚滚而下，当落到花圃中时，两个火球相撞，发出轰然巨响，耀眼的光亮把周围照得如同白昼。

1984 年 7 月 4 日下午 2 时，广州白云机场调度室集体宿舍的洗澡间里突然出现了一个火球。火球所到之处，地面积水顿时干涸。当时有一位机场职工在场，幸好没有受伤。

除了我国之外，苏联也多次发现球形闪电。

1946 年 12 月的一个冬日，一架苏联飞机从遥远的北极地带完成侦察任务后返回。飞机在 1200 米的高空平稳地飞行。突然，驾驶舱中出现了一个耀眼的白色球体，它沿左壁向驾驶员阿库拉托夫飘过来，在离他面部约半米的地方晃动着，并停滞了一下。据阿库拉托夫事后说："当时我没有产生热的感觉，但头的上部有明显的轻微刺痛感。"接着，球形闪电变成绿色，朝无线电室飘去。它在报务员座位下滚动之后，发生爆炸，发出巨响。座位的金属脚被烧红起火。幸好报务员没有受伤。

20 世纪 70 年代的一天，在苏联的哈巴罗夫斯克，一个球形闪电飞进一个盛有 7000 千克水的容器中。过了 10 秒钟，水开了，而且沸腾了 10 分钟，直到跳入水中的火球熄灭为止。科学家们测算，这个球形闪电的能量相当于 2000 千克的硝基甲苯（TNT 炸药）。

1981 年，一架苏联客机在黑海上空飞行时，一个火球闯进驾驶舱，爆炸后分成两部分，然后又合并在一起离去。结果飞机头部和尾部各被炸出一个窟窿。

那么，球形闪电的巨大能量来自哪里呢？早在 20 世纪 50 年代，苏联著名物理学家、诺贝尔物理学奖获得者彼得·卡皮察就曾提出过这样的看法：球形闪电是由带电离子和自由电子组成的等离子体凝结块，它的能量由电磁波提供，电磁波产生于一般线形闪电中。卡皮察的设想在实验室中也得到了证实。

对于球形闪电的各种特性，科学家们做出了如下解释：产生强烈的爆炸是因为等离子体凝结块在分裂时已从大气中吸收了大量能量。至于它的颜色，则取决于空气中存在的各种物质。譬如说，缺氧和负粒子就呈现天蓝色，缺氧呈粉红色，缺水蒸气和尘埃呈黄色。

一时间众说纷纭，球形闪电的能量究竟是从哪里来的？它的发光时间为什么比一般的闪电长？因此人们至今还没有形成共识。

4. 罕见的奇景：六月飞雪

我国民间一直流传着老天为受冤人夏日飞雪的传说。在戏剧《窦娥冤》里描写窦娥被绑赴法场、开刀问斩的时候，6 月的夏季突然大雪纷飞，因为老天爷为她的冤案鸣不平。这只是传奇故事，然而 1816 年和我国纬度相近的美国却真的出现了一次罕见的"六月雪"。

在美国，1816 年是一个极不平常的年景。人们心有余悸地称它是"没有夏季的一年"和"贫穷年"。往年气候炎热的 5 ~ 9 月，在这一年却异常寒冷。反常的冷气流频频光顾美国东北部几个州和邻国加拿大的一些省份。4 月、5 月出现了倒春寒，6 月份居然下起了

大雪，7月和8月就有霜冻光临。

这些异乎寻常的天气现象，被许多人记进日记和回忆录里，给后人研究它提供了充足的证据。

4月、5月份的寒冷，打乱了东北各州的春播。许多果树到5月才发芽，鲜花也迟迟不开。6月份农民刚开始春播，就遭遇北冰洋强大的寒流侵入，使刚露的春意荡然无存。以威廉斯堡为例，6月5日中午气温超过28℃，到了6日的上午，就骤降至7.2℃，人们不得不穿上刚脱的冬装。6日~9日，从加拿大到东海岸中部的弗吉尼亚州，连续出现霜冻，费城附近还结了冰。弗蒙特州结冰厚达3厘米，有的地方还可见到30厘米长的冰柱。这时树叶脱落，谷物和蔬菜全被冻坏。成千上万只飞鸟被冻死，随处可见倒毙的牲畜。人们又再次烤火取暖。

6月6日，灾情加重。在纽约州、新罕布什尔州和缅因州等地下了雪。7日和8日，有些地方下了大雪和中雪。风雪交加的天气席卷东海岸，向南穿过马萨诸塞州和卡次启尔山脉，在丹维尔城附近有的地方积雪竟达45~50厘米厚。这真是一场地道的"六月雪"。

初夏严寒过后，有6个星期较好的天气。农民重新播了种，谷物正在长起来。不料7月上旬又爆发了一次新的严寒，虽然不及6月的严重，却足以毁坏已种的作物。农民已预感到饥饿正在降临。7月下旬天气又回暖。正在人们对迟播的庄稼满怀希望的时候，8月20日，东到缅因州、南到康涅狄克州，又受到寒潮与霜冻的袭击，紧接着又来了9月的严霜，人们收获的希望彻底破灭了。美国东北部三个州的许多居民，只好背井离乡地去外地逃难谋生。这一年，英国、法国、德国几乎同美国一样寒冷。1812~1817年，一连几年严寒遍及世界，其中1816年是最严重的一年。

我国也曾出现过6月飘雪的奇观。1984年6月18日，地处西北地区的青海省唐古拉山区，突然下起了鹅毛大雪，而且一下就是好几天，厚厚的积雪把路封冻了起来。在青海通往西藏的青藏公路上，一段20多公里的路面被大雪覆盖，造成1000多辆车滞留在那里。

经过十多天的紧急救援，司机们才脱离险境。

气象学家研究发现，6月份下雪的现象，大约每过50年才会出现一次。他们认为，造成这种反常气候的原因是多样的。在太阳黑子比较活跃的年份，往往会出现反常天气；在火山爆发的年份，大量太阳的辐射能量，使气候变冷，6月份下雪也是很正常的了。

5. 五颜六色的彩雪

雪花在人们的印象中，一般多为白色。然而，调皮的大自然也常会用五颜六色的雪花来装点人间。每年的1月份，在北极都会出现"红花遍野"的景象。这里说的"红花"，不是指红色的花朵，而是指一种红色的雪花。北极不仅有红雪存在，还有黄雪、黑雪、绿雪等，在南极也有这种五彩缤纷的雪。此类怪雪中，以红雪较多见。200多年前，瑞士科学家本尼迪率领的一支科学探险队，在寒冷的北极，曾见过颜色像鲜血一样红的雪。1960年5月，我国登山运动员在珠穆朗玛峰顶，也发现过鲜艳的红雪。1962年3月下旬，苏联的奔萨山降下了许多黄中带红的雪花。1963年1月29日子夜，日本的福斗、石川和富山也下过红、黄、褐色混杂的彩雪。在世界其他地方也发现过类似的情况。

1986年3月2日，南斯拉夫西部高山降了黄雪，那个地区叫"波波瓦沙普卡"，是一个有名的高山旅游胜地，海拔1788米，雪景绮丽多姿，经常有奇异的气候现象，但降黄雪在该地还从未有过。专家们解释说，这种黄雪是由遥远的撒哈拉沙漠吹来的强大的高压气流和冷风形成的。

一些专家认为，彩雪的颜色来源于一种单细胞构成的最简单的植物——原始冷蕨。这种冷蕨在极其严寒的环境中繁殖得非常快，有红的、绿的、紫的等许多种。它们完全能够适应雪地反射的阳光，能够根据自身的需要选择所需的光线及其数量来改变自己的颜色。比如，如果需要紫外线，它们就变成红色。它们的胚被风吹到雪上，过几个小时周围的冰雪就变得一片通红。关于这种植物细胞内部所发生的化学变化，人们至今还没弄清楚。科学家们对原始冷蔽的研究仍在继续进行，也许有朝一日，科学家们能揭开它的"构造"之谜。

在历史上也曾出现过像碟子那么大的怪雪，其形状也与碟子相似，故人们把这种雪称为"雪碟"。

1887年，美国曾下过一场令人惊奇的雪碟。当天气温略高于冰点，相对湿度饱和。刚开始降雪时，雪花并不太大，后来逐渐变大，每片雪花的直径从6.5厘米增至7厘米，最后达到9厘米。当时有人将采集到的这些"雪碟"每10个分为一组，称得每组的重量在1.1至1.4克之间，比通常的雪花重几百倍。同一年冬天，在美国西北部一个山区的农场附近，出现了更大的"雪碟"，每片雪花的直径竟达38厘米，厚达20厘米。

而最具有代表性的"雪碟"现象，是于1915年1月10日出现在德国柏林的降雪。每片雪花的直径约8~10厘米，像一般的碟子那么大，其形状也与碟子相似，边缘朝上翘着。它们从天空降下时比周围其他小雪花下落的速度快得多。在地面上的人看来，它们像无数白色的碟子从天而降。这些"雪碟"落到地面上居然没有一个翻转过来，令观者感到无比惊奇。

为什么会突然出现特大的"雪碟"呢？很多科学家对这个自然界的奇妙现象进行过探讨和研究，做出了种种论断。有人猜测可能是一些较大的雪花在下落的过程中，由于速度快而将周围很多较小的雪花吸附、融合在一起，类似"滚雪球"那样逐渐变大，最后形成"雪碟"降落地面。

当然这些都仅仅是科学家的猜测，具体情况还有待进一步研究。

6. 预兆地震的震兆云霞

天清日暖，碧空清净，忽见黑云如缕，宛如长蛇，横亘空际，久而不散，势必地震。这是有史可查的关于地震发生的前兆——震兆云霞的记载。近代有关震兆云霞的记载很多。

1815 年 10 月 23 日，山西平陆地震，留有记载："傍晚天南大赤，初昏半天有红色如蝇注下，云如苍狗"，"夜有彤云自西北直亘东南，少顷始散，地大震如雷，天地通红"。

1941 年 5 月 5 日，黑龙江绥化 6 级地震前，西北天空有条云呈赤褐色，其纵面似乎有淡云遮住。万顺地区，地雾突起，空中犹如黑带之物，东西向流动。

中国古代亦有"天裂"与"土裂"相关的记载。

"天裂"，顾名思义指的是把天空分成两半的长条带状的地震云。"土裂"则指土地之裂，也就是地震后大地产生的裂缝。古人是把"天裂"与"土裂"联系在一起的。日本、西欧对地震云的记载和中国对它的记载也很相似——地震云呈条带状。早在 70 年代末期，日本就有人根据天空中云的变化——震兆云霞，成功地预报了一次震中在太平洋、涉及北海道至四国岛的 7.8 级地震，并由此引起一场关于地震云的国际性学术大辩论。

中国科学院研究员、中国边缘科学研究会理事长吕大炯，经过多年对地震云的观测，并总结前人的经验，同时在国外对地震云的科学探索基础上，成功地预报了中外几次大地震。并在世界上首先实现了对某些强烈地震的震中、震时及震级三要素的成功的临震预报。他的《震兆云霞》一文，为确认地震云是一种地震的突发前兆提供了科学的依据。

震兆云霞为什么能预报地震呢？到目前为止，还没有比较一致的解释。不过一致认为：云是由水滴、冰晶聚集形成的在空中悬浮的物体，水滴、冰晶的形成需要一种核，这种核多半由原来的星际尘埃构成。有人认为水滴或冰晶的这种核——宇宙尘埃是由一种磁材料组成的，能够受到磁力的影响，它们将沿着地磁场的磁力线排列，它们的这种排列方式对地震云形成起着一定的作用。

苏联的弗·梅津采夫在他的《世界奇迹之谜》一书中对地震的起因是这样总结的：

首先，地球内部集聚着大量的热能，而它的表面却在冷却，地球不断地将自己的热量扩散到广阔的空间去。在这种情况下，地球表面缓慢收缩，地球的各个部分开始承受种种压力，因而引起地球表面的运动。

因为地球内部的温度异常高，所以地幔的物质就不能不起变化，它们不停地由一种状态转变成另一种状态，它们的体积也在不断地起着变化，同样能引起地球内部的运动。

另外，重力也在影响着地质构造运动。地球是由各种比重的物质构成的，比重较重的山岩不断下沉，比重较轻的一些物质不断上升。这种运动也可以引起地球深处地质构造的运动。

再有就是和地震云的产生相关的强磁干扰。

1966 年，苏联的塔什干发生地震时，震源上空出现了大气发光现象，这显然和地球电场的变化有关。科学家们发现，太阳上的某些变化对地球上的自然现象有着明显的影响。比如太阳黑子的数量和地球上的地质构造活动成正比时，上面的光亮特别强烈，这是地球上最容易发生地震等自然灾害的时候。

1959 年 7 月 15 日，科学家观察到太阳上的光亮特别强烈，而这天正是地球上发生地震次数最多的一天。科学家们认为，这不是偶然的巧合，它们之间存在着一定的联系。当太阳活动剧烈时，其辐射量就要增加好几倍；而且，在它和地球磁场相互影响的同时，能引起地球磁场发生磁暴。在地球上空"狂飞乱舞"的磁暴，首先会影响地球的自转速度，这就会导致地壳内部物理应力的增长，引发地震。其次就像磁暴可以影响极光一样，我们是否可以认为它对大气层的恶化现象具有一定的影响呢？也正是这种影响，使得每当地震到来之前，天气总是表现出某些异常反应，包括震兆云霞的出现。

可见，震兆云霞是地震来临前的预兆。

7. 惊心动魄的海上奇观

（1）惊心动魄的海啸

世界上最大的地震海啸是 1960 年 5 月 22 日发生的智利大海啸。这天下午 6 时许，智利沿海太平洋深沟发生了 200 多次大小地震后，又爆发了新的 8.3 级强烈地震，波及 15 万平方千米的地区，一些岛屿和城市消失了，智利全国三分之一的人口受到影响。地震又引起海啸，智利沿岸 500 多千米范围内，涌浪高 10 米，最高达 25 米，使南部 320 千米长的海岸沉进海洋中。

（2）最高的海啸浪

世界上最高的海啸浪，发生在美国阿拉斯加州东南的瓦尔迪兹海面上。1964 年 3 月 28 日，"威廉姆王子之声"地震以后，由此而触发的海啸浪高达 67 米，有 20 层楼那么高。

（3）海中无底洞

位于希腊凯法利尼亚岛一个港口的附近有一个"无底洞"。涨潮的时候，人们看到汹涌的海水形成巨大的旋涡，急速向洞中流去。有人估算过，每天涌入洞中的海水大约有 3 万立方米。日复一日、年复一年，不知有多少海水流进了这个洞里。可是潮水退去之后，人们发现这个洞还是老样子，从来没有见到洞里的水满过。进去的海水都流到哪儿去了呢？这个洞是不是就是传说中的"无底洞"呢？

（4）罕见的海滋奇观

在素有"人间仙境"之称的山东省蓬莱县，人们目睹过一次长达 3 个小时的海滋奇观。海滋悄悄地出现在位于渤海和黄海交汇处的蓬莱县附近海域。人们站在蓬莱阁上极目北望，只见庙岛群岛的大小黑山岛之间，骤然冒出许多鳞斑状的岛屿，变了形的小黑山两头翘起，仿佛被托浮在海面上，颇为壮观；车由岛像一颗仙人球屹立海中，并不时幻化成一大一小的双球；大小竹山岛也是两头翘起，像两条巨鲸乘风破浪。持续到午间 12 时，这神奇变幻的海滋景象才渐渐消失。

（5）海底飞瀑

海底瀑布的规模相当大，不但水流量大，而且比陆地上的瀑布高得多。在格陵兰岛和冰岛之间的大西洋底部，就有一个水流落差达 3500 米的特大海底瀑布，比陆地上最高的安赫尔瀑布还要高出两三千米。海底怎么会出现瀑布呢？这是由温度低的海水在下沉过程中形成的。低温的海水比重大，要向下沉降；如果遇到海底山脉的阻隔，就会在山脊后面越聚越多，然后越过山脊急速下泻，就形成了海底的飞瀑。

（6）海上失火

1976 年 6 月，在大西洋亚速尔岛西南方的洋面上，突然燃起了大火，将附近的海域照得通明，使观看到这一奇景的人惊叹不已。

无独有偶，1977 年夏天，在印度洋东南部马德里斯附近的一个海湾里，也发生过同样的怪异事情。当时风浪席卷着海面，并伴随着熊熊的大火。

这次大火整整烧了 20 多个小时，令附近的观者无不惊心动魄，祈祷平安。

（7）海上玉带泉

我国福建省南部的古雷半岛东面有一个小岛叫莱屿，在距该岛约 500 米处的海面上有一片奇异的淡水区，由于其水淡而得名"玉带泉"。无独有偶，在美国佛罗里达州和古巴东北部之间的海区，周围海水含盐量很高，但中间却也有一片直径为 30 米的海域，水是淡的。这里水的颜色、温度、波浪都与周围的海水截然不同，人们称它为"淡水井"。

为什么海洋中会出现"玉带泉"、"淡水井"呢？经过科学考察后发现，这些"玉带泉"、"淡水井"的海底都有一口喷泉，能够源源不断地喷出一股强大的淡水流。当喷出的淡水冲开海水，占据了一定的位置以后，就形成了一个与周围海水完全不同的淡水区。

8. 传奇的海市蜃楼与空中楼阁

海市蜃楼与空中楼阁都是一种美丽而神奇的自然现象，它们也常被用来比喻虚幻缥缈、不切实际的事情。当提到海市蜃楼时，很多人首先想到的都是山东半岛的蓬莱。在蓬莱阁附近的海面上，常会出现一种奇景：亭台楼阁、车水马龙，交相辉映，被誉为"蓬莱仙境"。

1988 年，这里再次出现海市蜃楼。在那宽阔的海面上，横着一条乳白色的雾带，先是大、小竹山 2 个岛屿涌起橙黄色的彩云，不断地升腾变幻，幻影绰约。接着南长山列岛也渐渐隐藏在雾纱中，在人们的眼前出现了一个神秘的新岛。新岛上，云崖天岭，幽谷曲径，若即若离，时隐时现。

另外，海市蜃楼的奇境在世界其他地方也曾出现过。20 世纪 30 年代，有一艘从欧洲驶往美洲的轮船，当其行驶到大西洋上，船上的水手突然发现一艘古老的帆船，扬着巨帆迎面驶来。船长看到它越来越近，立即命令水手改变航向，然而就在两船就要相碰的危险时刻，那艘船却一闪而过。这时候，几百名乘客都清楚地看到，这是一艘古代荷兰帆船，船上站着一些身穿古装的人，高举着手臂好像是在呼救似的。其实这只是海市蜃楼与人们开的一个玩笑而已。

在沙漠上也经常会出现与海市蜃楼类似的"空中楼阁"。19 世纪，一支法国军队的非洲队伍在沙漠地带行进时，前面突然出现了一支"阿拉伯军队"，这让法国人非常紧张，以为是敌军正在准备进行攻击。法国指挥官立即下令停止行军,派出侦察兵前去侦察。侦察兵走了几千米的路,发现那里有一群红鹤在沙地上行走。红鹤被侦察兵的走近惊走了,可是这时展现在人们眼前的却是一个身材高大的武士坐在一只几米高的怪兽背上,在大湖上方行进着。

此外,人们曾在叙利亚的沙漠地区见到更让人吃惊的奇观。那天,刚下过一场急雨,天空中高悬着一道彩虹,这时在五色斑斓的彩虹影下隐现出一座城市:白色的房屋,蓝色的湖水,绿色的树木……这景致直到很久之后才渐渐消逝。另外,让人意想不到的是,在人迹罕至的寒冷的南极和北极也会出现类似的蜃景。

在南极出现这种蜃景奇观的机会比较多。20世纪70年代,美国的一位科学家在离南极营地几千米的冰礁上测量时,突然有一个城市出现在他面前。可是就在他要去一探究竟的时候,这个城市又消失了,他的眼前依旧是一片空旷的雪地。

蜃景在北极出现得相对较少,但也曾出现过。20世纪初,美国北极探险家皮尔里在北极发现了一座大山,他为这座山取名为"克拉寇兰山"。但一些探险家按照他的描述,并没有在他说的那个地方找到这座大山。后来,终于在他说的地点以西370千米处"发现"了"克拉寇兰山"。人们下船在冰上徒步前行,准备向大山行进时,发现那山渐渐后退。他们停步不走时,那山也不动;再向前行,山又向后退;他们一直往前走,山又向后退,最后他们进入了一个三面环山的谷地。当落日的余晖散去时,高山也消失得无影无踪,周围还是一片广阔无际的冰原。

那么,这些奇观蜃景都是怎样产生的呢?经过研究发现,这些奇观蜃景都是一种光学现象,是光线在不同密度的空气中发生折射和全反射的结果。比如说海市蜃楼,在夏季,海面上层的空气被太阳晒热,密度变小,而贴近海面的空气受海水的影响,不仅温度较低,密度也较大,于是,就出现了上层空气暖而稀,下层空气冷而密的差异。当光线穿越两层密度和温度相差较大的空气时,就会发生折射,上层密度小的空气就像是一面镜子,使远处的物体形象经过折射,最后投到人们眼中。因此在平直的海岸或海面上,就可以看到地平线下平时看不到的岛屿、帆船、人群和风景。而蜃景时隐时现是由于当风吹来的时候，上下层的空气发生混合搅动，减小了上下层的密度，从而幻景也就消失了。

9. 从天而降的巨型冰块

1958 年 9 月 2 日夜，多米尼克·巴西哥路普待在新泽西州麦迪逊市的家中。他从厨房的椅子上站起来，刚迈出几步，突然整个房顶都陷了下来。巴西哥路普没有受伤但是被吓坏了，他环顾四周，终于明白了发生了什么事情：原来，一块 32 千克左右的巨冰砸穿了他家的屋顶，落进厨房里裂成了三块。

当晚并没有暴风雨。巴西哥路普 14 岁的儿子理查德注意到，在这次奇怪的坠落事件发生前有两架客机从他头顶飞过，但机场官员否认那两架飞机载了冰块。附近的路特杰斯大学的气象专家说，当时的大气条件不可能产生那么大、那么重的冰块。那么冰块来自何处呢？

天上落冰是气象学上最经常遇到、最令人迷惑不解的谜之一。气象专家通常把这种落冰解释为飞机表面出现冰块的结果。但出于种种理由这种解释无法使人相信。首先，现代飞机上的电子加热系统能够防止机翼和飞机的其他表面上凝结冰块。而且，根据美国联邦航空管理局的说法，即使是没有加热系统的老式飞机，由于它们自身的结构和它高速的飞行状态，也很少有凝结大块冰的情况。更重要的是，在许多报告中提到的冰块是如此的巨大和沉重，任何飞机上如果有那些冰块早就会陷入严重的坠机危险中了。

事实上，在飞机发明很久之前就有过天上掉冰的报告。例如在 18 世纪后期，有报告说在印度的瑟林加帕丹就曾有一块"大象一般大小的"冰块从天而降，3 天之后才融化。类似的天上掉下巨大冰

块的令人难以置信的报告比比皆是。

在众多的落冰案例中，研究得比较多的一个案例是英国气象学家格林菲思 1973 年公布的案例。

1973 年 4 月 2 日，格林菲思正在英格兰曼彻斯特市的一个十字路口等候时，看见有一个巨大的物体砸在地面上，裂成了碎块。他捡起其中最大的一块，称了一下，发现它重 1.5 千克。然后他赶忙跑回家里，把冰块贮存在冰箱里。后来他写道，冰块样本的检验结果是令人迷惑的，因为"一方面它明显含有云里的水，但是却找不到决定性的证据来准确解释它形成的过程……在某些方面它很像冰雹，在其他方面它又不像"。在核实过当地的飞行记录之后，他发现当时上空没有飞机飞过。

尽管这次落冰与另一起不一定有联系，但是格林菲思还是指出这次落冰发生在天空出现的另一件奇怪的事（即"一道闪电"）之后的 9 分钟内。许多其他人也注意到了闪电，"因为它很亮，而且只闪了一下"。格林菲思指出当天英格兰有一些"异常天气情况"，包括大风和暴雨。曼彻斯特市当天上午下了雪，但是落冰时天空是晴朗的；当天晚些时候还下了雨夹雪。在 1975 年的一期《气象》杂志上，格林菲思认为那道闪电是由于东方有一架飞机飞进了暴风雨而激发的。但是对于冰块样本，他仍无法做出结论。

另一个研究得较多的落冰案例是 1957 年在宾夕法尼亚州伯威尔地区的一个农场发生的案例。7 月 30 日傍晚，农场主埃穗温·格罗夫听到一阵"嗖"的声音，抬头看去，发现有一个巨大的白色圆形物体从天空南面呼啸而来。当它坠落在离他几米远的地方并化作碎片后，第二块类似的物体击中了他和他妻子身边的花坛。第一个物体是一块 23 千克重的冰块，第二块的大小和重量都只有第一块的一半。

这两位目击证人马上通知了住在附近雷丁镇的气象学家马修·皮科克。皮科克请他的同事梅尔科姆·瑞德解释天上为什么会掉下冰块。它看上去阴暗发白，似乎是速冻形成的，其中充满了各种"沉积物"——灰尘、纤维、藻类等。那些冰块仿佛是"爆米花球"，就像是许多2.5厘米大小的冰雹冻结在一起。但冰雹不会包含此类沉积物。

化学分析显示，那些冰块里没有铁和硝酸钾成分，这两种成分都是普通地表水迅速冰冻时特有的。实际上，那些标本似乎既不是仓促间形成的，也不是来自地表的水。位于哈里斯堡的美国气象局的局长保罗·萨顿宣称，那些冰块"不是经过气象学上已知的任何过程而形成的"。

查尔斯·福特是最先收集和研究关于此类异常现象报告的人之一，他发表许多科学文章，认定落冰是一种普遍存在的气象怪事。他认为"地球上空漂浮着一块同北冰洋差不多大小的冰原，强烈的雷暴有时会击落一些碎片"。

其他更加新的理论认为那同不明飞行物有关。

例如不明飞行物学家杰瑟普是这样解释落冰的："似乎最自然的解释是当一艘金属制成的太空运载工具飞速地从冰冷的宇宙飞到地球时，它上面当然会覆盖着一层冰。这些冰当然会落下来，或者被飞船上的除冰机器铲除下来，或者因太空船同大气的摩擦产生的热所融化而落下，哪怕是太空船静止在空中，上面的冰块也会由于太阳光的作用而掉下来，这些都是很自然的。"但是事实上，很少有冰块落下的案例里有目击不明飞行物的报告。

不过，科学家们通常用两种理论解释天降冰块现象。

第一种理论认为那些冰块形成于大气层的某处。例如专门研究奇怪天气的专家威廉·科利斯就认为："一些讨厌的大冰雹系统会迅速产生和聚集大量的冰雹。"

第二种理论认为那些冰块其实是来自外太空的陨星。根据批评家罗纳德·威利斯的看法，这种观点的唯一问题在于"那块冰块上没有任何流星高速进入大气层时留下的痕迹，且不管它们来自何方陨星"。

由于天上落下的冰块形状各异、成分不同，科学家还不能完全了解它们，也许还需要多个理论才能解释它们。

10. 月光下的婀娜彩虹

古人咏虹曰："谁把青红线两条，和云和雨系天腰？玉皇昨夜銮舆出，万里长空架彩桥。"

虹是由空中雨滴像棱镜片那样折射分解阳光而形成的，所以虹通常在白天有太阳的时候出现。然而，令人惊异的是，夜间的天空，也会出现彩虹，不过不是白天的日虹，而是月虹！

那么夜间为什么也能产生虹呢？因为夜间虽然没有太阳，但如果有明亮的月光，大气中又有适当的云雨滴，同样可以形成彩虹。

因为月光是反射太阳的光，所以月光也是由赤、橙、黄、绿、青、蓝、紫这七种可见的单色光组成的。不过月光毕竟比太阳光弱得多，形成的虹自然也就暗得多了。正由于光弱，所以大多数月虹都被误认为呈白色，像在我国大连普兰店和美国出现的能分辨出颜色的月虹确实少见。国外曾有人将看上去是白色的月虹拍摄下来，结果照片显示出和日虹一样的彩色。

1987年6月7日子夜，新疆的乌苏县也出现了一条呈乳黄色的夜虹，部分地方色彩浓郁，在月光和闪电的映衬下，婀娜多姿，十分动人。

1987年，我国许多报纸还报道了美国克邦斯普敦城的人们观赏月虹的盛况和月虹的成因。

其实，我国对月虹现象早有记载，其中《魏书》上记载得最为详细："世宗正始四年（公元243年）十一月丙子，月晕……东有白虹长二丈许，西有白虹长一匹，北有虹长一丈余，外赤内青黄，虹北有背……"这里所说"虹北有背"，可能是指在虹外侧还有色彩较淡的副虹。

看来，神奇的天空中有很多人类未知的秘密，但是随着科技的发展，知识的进步，相信总有一天，我们可以彻底破解天外的真相。

11. 天降流火的奇象

干雨最近成了全世界天体物理学家特别感兴趣的问题。干雨很早就被人们发现，不过它是一种极为稀奇的现象。最近人们十分不安地发现，它出现的次数正日益频繁。中国的多次森林大火正是由干雨造成的。干雨也曾被称为火雨。大约100年前，火雨毁灭了亚速尔群岛地区整整一支舰队。而在得克萨斯，火雨引起了草原特大火灾。

由于所谓瀑布式倾热，使由火雨产生的火灾很难扑灭。发生这种火灾时，不仅要扑灭燃烧着的物质，还要额外对付高达2000℃的雨热。对这种雨来说，水只是一种"清凉淋浴"。为此，扑救这种火灾时除使用水外，还要使用特殊的硅质粉，以隔断火源同氧气的接触。

1871年10月8日，在号称"风城"的美国芝加哥，大街小巷人来人往，熙熙攘攘。天色已晚，突然，城东北的一幢房子失火。消防队接到报警，立即整装出发。但第二火警接踵而来：离第一火警3公里外的圣巴维尔教堂也失火了。随后，火警从四面八方纷纷传来，消防队人员紧缺，不知如何是好。

借助风的力量，火势越来越大。第一个火警发出一个半小时后，整个城市变成一座火城，任何力量都无法抵御如此大火的袭击。惊慌失措的市民逃出市区，并向郊区分散开来。熊熊大火一直延烧到第二天上午。市中心全部化为瓦砾，1.7万座房屋被毁，12.5万人无家可归。据救灾委员会报告，全城财产损失1.5亿美元。关于这场火灾的起火原因，报纸上说是一头母牛打翻油灯，引燃了牛棚，从而蔓延全城。在指挥现场救火的消防队队长麦吉尔对这个轻率的让人难以相信的结论嗤之以鼻，他的调查证词中这样写道："到处都是火。某间房子起火而在短时间内，能蔓延到全城，这绝对不可能。如果不是一场'飞火'，又怎么能在使瞬间全城变成火海呢？"目击者回忆："像燃烧了整个天空，炽热的石块纷纷从天而降……"同一天晚上，芝加哥周围的密歇根州、威斯康星州、内布拉斯加州、堪萨斯州和印第安纳州的一些森林、草原也都发生了火灾。靠近湖边的一座金属造船台被烧熔成团，而其周围却无其他大建筑物。城内一尊大理石像烧熔了，木屋之火不过两三百摄氏度，不可能熔化金属和岩石。

其实，芝加哥大火至今仍是一团迷雾，这里我们暂且把它放在火雨一列，那么，火雨是怎样出现的呢？

对火雨现象的解释，目前存在两种观点。一种认为，是由于彗星散落，散落后的物质有些落入地球，于是产生火雨现象。从彗星散落到出现火雨，应该等待 2~6 年。由于天体物理学家观察到越来越多的彗星散落现象，所以非常有可能在最近 6~15 年内要出现一些火雨。那时火雨火灾的数量将达每年 8 起，而 50 年后将达每年 30 起。

另一种观点认为，火雨现象是我们尚未认识的另一种文明的破坏活动。这种想法从表面上看似乎是天真的，但持这种观点的人们提醒大家注意，如果火雨现象来源于宇宙，是彗星散落的产物，那么通过光谱分析是会发现彗星化学成分痕迹的，但迄今为止，化学家在这方面的研究结果是否定的，火也不可能消灭所有物质成分。总之，两种说法都是可能的，而问题的实质仍然是个谜。

12. 大自然的奇妙"动物雨"

真难以想象像雨这样平常的自然现象都能充满神秘色彩，然而的确有些奇怪的雨令人们迷惑不解。

1687 年，在巴尔蒂克海东岸的麦默尔城下起了一场奇怪的雨，大片大片的黑色的纤维状物质落在刚落满白雪的地上。它们的气味像潮湿腐烂的海藻，撕起来就像撕纸一样，待它们干透以后，就没有气味儿了。一部分絮片被保留了 150 年，后来，科学家们经过化验发现其中含有部分蔬菜一样的物质，主要是绿色丝状海藻，还含有 29 种纤毛虫。

1794 年，法国的一个小村庄突然下起一场大暴雨，令人吃惊的是，接着开始有大量的蟾蜍从天而降，它们的个头儿很小，只有榛子那么大，蹦得满地都是。人们无法相信这无数的蟾蜍是随着雨水降下来的。他们展开手帕，撑起举过头顶，果然接到了许多小蟾蜍，许多还带着小尾巴，像蝌蚪一样。在半小时的暴雨当中，人们明显感觉到一股由蟾蜍带来的风吹向他们的帽子和衣服。在中国也发生过相似的现象。1988 年 5 月 1 日下午，河南省桐柏县彭庄村忽然刮起 7 级大风，半小时后，在一个小山坳里随雨落下许多黑褐色的小蟾蜍。最稠密的地方每平方米有 90 只至 110 只，雨后这些小动物纷纷向附近池塘蹦去。

除了蟾蜍雨，还出现过青蛙雨。

1814 年 8 月的一个星期天，在经过长时间的干旱和炎热之后，离阿门斯 16 千米远的弗雷蒙村于下午 3 点 30 分下起了暴雨。暴雨过后刮起的大风使附近的教堂都摇晃了，吓坏了教堂里的信徒。在横穿教堂与神父宅邸间的广场时，信徒们浑身上下都被雨打湿了，更令人惊讶的是，他们的身上、衣服上到处都爬满了小青蛙，地面上也有许多的小青蛙到处乱跳。

类似的现象还有天降鱼雨。1859 年 2 月 9 日 11 时，英国格拉摩根郡下了一阵大雨，雨中夹杂着许多小鱼。1861 年 2 月 16 日，新加坡岛发生了一场地震，地震过后连续下了 3 天暴雨。又过了 3 天，地面上的雨水都干了，在干裂的水洼中有大量的死鱼。生物学家将这些小动物拿来检验，辨别出是鲇鱼。这种鱼生活在新加坡岛淡水湖泊、河流中，在马来半岛苏门答腊等地也会见到。1949 年 10 月 20 日早晨，在美国路易斯安那州马克斯维也下过一次鱼雨，生物学家巴伊科夫还亲自收集了一大瓶标本。这些鱼、蛙等小动物是从哪里来的呢？还真得需要有人去追根溯源呢！

四、斑斓无比的海底奇观

海底世界是奇特的、神秘的，有着很多人类未知的秘密，有很多人类未解的谜团。在人们所知有限的海底知识中，我们不仅看到了最黑暗的世界，还看到了最漂亮的景观；不仅探测到最诡异的生物，还探测到最复杂的地形。地球上最大的动物不在陆上，而在海中；最高的山峰不在陆地，而在海底。无论是奇特的海底高山，还是奇妙的海底峡谷，都埋藏着许多鲜为人知、极其诱惑的惊人秘密，等待人类的探险与发现。

1. 火眼金睛观海底

海水挡住了视线，长期以来，人们无法得知海底的秘密，以至在人类科学事业相当发达的今天，对近在我们身边的海底，却仍然知道得不多。

然而自从回声测深仪和旁视声呐装置发明后，人们像长了一双能看透海水的眼睛。以前看不见的海底，现在看得一清二楚了，对海底的了解也比较正确了，从而大大改变了对海底的认识。

回声测深仪是利用声音在海底反射来测量海深的，就像我们在山谷中听到回声一样，你大喊一声，声波被山谷阻挡，反射回来，不久你便听到了回声。因为你的声音会向四面八方传出去，所以你听到的回声就不止一个，而是不断地有许多回声传到你的耳朵里，听上去很杂乱。回声探测仪跟这个道理差不多，不过它是用仪器来发射和接收超声波，人耳是听不到的。超声波可以定向发射，就是说它能射向某个单一的方向，这就避免了使用普通声源带来的误差。超声波发出后，遇海底反射回来，再接收它的讯号，这段时间，超声波自海面到海底走了一个来回，等于海深的两倍。已知超声波在海中平均每秒钟走 1500 米，把它乘上发出和收到的时间间隔，再除以二，海洋的深浅就可以算出来了。现代化的测深仪器，我们只要打开它的开关，海深就立即显示出来。测量 3000 米的海底，只需 4 秒钟，可以边开船边测量。仪器上还装有自动记录装置，能够自动地把海底的形状连续地记录下来。它绘出的地形图比用绳子测量后人工绘出的要精确多了。

但是回声测深仪也有不足之处，因为它只能告诉人们测量船航线上的地形起伏，也就是说只是一条线上的情况，而不能对海底进行平面性的测量。20 世纪六七十年代以来，人们又研制出了旁视声呐（也叫旁侧声呐）装置。旁视声呐发射的超声波波束不止一个方向，这样，发射的声波就能构成一个带状，覆盖住海底。随着船只的航行，这个带状海底就变成一个平面海底了。凸起的海底和凹陷的海底所反射的回波信号不同，它们在记录纸上显示的颜色深浅也各异。于是，根据记录图纸，便可获得测船航线两侧海底平面带内的地貌图像，好像从空中拍摄一幅大地的照片。

有了这些如同火眼金睛的先进的仪器，再经过一番探测和研究，人们对海底的面貌就有了清楚的了解。原来在深深的海底，还分布着被海水掩盖着的占地球表面 2/3 左右的陆地。海底并不是像平原一样平坦的一片，那里有高大的山脉、深邃的海沟和峡谷以及辽阔的海底平原。大洋的海底就像个大水盆，边缘是水比较浅的大陆架，中间是深海盆地。而且，海底时时刻刻都在扩张。新的地壳不断诞生，老的不断消亡，这些构造板块的活动，也是在海底完成的。海底的地形也都是由大规模的板块运动造就的，当巨大的板块在地球表面生成时，就形成了宏伟的洋脊；当一个板块俯冲进另一个板块下消亡时，就形成了深邃的海沟。

海底有巨大的熔岩流，缓缓流动，只见熔岩从陡峭的绝壁上直泻下来，宛如一个巨大的熔岩瀑布，十分壮观。不远处有几道熔岩泉，从洋底涌出，像一根根黑色的管道，发出暗红色的闪光。这些黑色管道，直径大小不等，小的仅有几十厘米，大的在 1～2 米不等。在它们的上面，覆盖着一层非常鲜亮的像玻璃一样的亮膜。在探照灯的照射下，闪烁着油黑油黑的光泽。有趣的是，这些油黑的玻璃膜上，一闪一闪的，连成一片，使整个海底光彩灿烂。看到这熔岩流纵横流淌的场面，人们都会激动不已，也会由衷地佩服，佩服那些对海底扩张学说中地幔涌升的科学预见的场景，终于被证实了。

2. 色彩斑斓的家园

如果你能潜入海底，你的眼前会呈现出一个五彩斑斓的世界，就像是置身在一个童话世界。这些就是珊瑚礁，它们是由珊瑚经过漫长的地质年代繁衍而成的。它们像树枝，像花朵一样装饰着海底世界。鱼儿、虾在水草中悠闲地穿梭着，自由地游弋着，形成了独特的水下景观。因此，珊瑚礁还被称为"海洋中的热带雨林"。珊瑚礁堪称是地球上最多姿多彩、最古老、最珍贵的生态系统。

珊瑚礁是由珊瑚虫的遗骸经过漫长的地质年代的作用积累形成的。通常，我们把能形成珊瑚礁的珊瑚虫统称为造礁珊瑚。它们的个体直径一般为 2～5 毫米左右，十分微小。这些小家伙通常都是群体生活，它们单个个体的结构和海葵相似，骨骼成分均为碳酸钙。当老珊瑚虫死亡之后，它的骨骼，也就是那些坚硬的石灰质会保留下来，新生的珊瑚就依附在这些骨骼上继续生存，这样经过年复一年的生长繁殖，一代又一代的更新，这些小小的珊瑚以自己的骨骼为基底，融合了其他生物，造就了礁岩。骨骼堆积得越来越高，造型越来越奇特，一个个独特的珊瑚礁也就横空出世了。

达尔文根据珊瑚礁的不同特点，把它们分为了两类：一类是岸礁，这类的珊瑚礁沿大陆和岛屿岸边生长着，现在最长的暗礁是沿着红海生长的，全长有 2700 多千米。一类是堡礁，又被叫作堤礁，是离海岸有一定距离的堤状礁体。澳大利亚昆士兰大堡礁是现代规模最大的堡礁，全长大概有 2000 千米。

住在珊瑚礁上的鱼类的小鱼孵出来后，会顺着水飘移到远方。不过，它们长大后必须回来，或者去寻找另外一处珊瑚礁，因为只有这样才能寻找到合适的食物和合适的配偶。那么它们是怎样找到"家"的呢？据科学研究表明，它们能找到回来的路完全是靠着珊瑚礁的"导航"。每到夜晚的时候，珊瑚礁就会发出吱吱嘎嘎的响声，这种喧闹声能传很远，几千米之外的鱼儿、虾儿都可以听到。

造礁珊瑚对周围的环境要求比较严格。首先是水温。科学家研究发现造礁珊瑚生活的最佳水温是 18～30℃左右，最高不能超过30℃。所以，在热带海区，珊瑚在冬天生长得最快，因为最佳的温度出现在那个时候。其次是盐度。造礁珊瑚生长的最佳盐度是 27～40 克/升左右，海水纯净，透明度较高。以太平洋中部和西部、澳大利亚东北岸、印度洋西部以及大西洋西部从百慕大至巴西一带的海区的造礁珊瑚发育最好。

3. 平坦富饶的大陆架

如果把海水抽干，我们就会在大陆周围，见到它镶着一条浅浅的边，缓缓地向海中伸延，这个围绕着陆地自然向外延伸的平浅海底，就是"大陆架"。

大陆架紧邻大陆而且地势很平坦，平均坡度只有 0°07′。也就是说这个坡度相当于海底向外伸展 1000 米，而深度仅增加 1.5 米左右。

不过也不要把大陆架想象得跟桌面一样平。在大陆架的大型地形上，仍有许多小型的起伏。

大陆架上的这些小型的起伏是多姿多彩的，其中有沉溺的河谷、淹没的冰川谷、孤立的深沟和潮流脊等。

大陆架的水深多半在 135 米之内，不过各地相差悬殊，有的地方只有几十米，有的地方却深达 900 多米。而且它的宽度也很不一样，有些海域很宽，可达 1000 多公里；有些海域很窄，甚至几乎没有，整个渤海和黄海都是位于大陆架上的浅海；东海也有很宽的大陆架，宽约 560 公里；南海珠江口大陆架宽约 278 公里，都是属于大陆架比较宽广的海域。

据统计，全球大陆架的总面积约为 2712 万平方公里，占海洋总面积的 7.5% 左右。比起整个海洋来说它虽然不算大，却是人类开发利用海洋最为重要的场所。

大陆架有广阔的海滩供人们进行水产养殖和晒盐；有富饶的渔场供人们捕鱼；有丰富的石油和天然气供人们开采；有许多河口和港湾供人们建设港口，发展海运；有取之不尽的海滨砂矿，供人们开采贵重矿产；有大片滩涂，供人们围海造田；还有许多风光秀丽的滩岸，为人们提供游泳、冲浪、休闲、旅游、度假、疗养的好去处。大陆架是人类开发利用海洋的前沿阵地，与人类的生产、生活息息相关。

同时大陆架是海洋中最生机勃勃的地方。许多大陆架海域，光线能透过浅浅的水层，射达海底，整个海域都充满阳光；滔滔不绝的江河，把大陆丰富的物质倾泻而来，又使海水变得异常肥沃。这样的环境，对海洋生命的生长十分有利，浮游生物和鱼、虾、蟹、贝等都喜欢在这里生活，各种海藻也愿到这里来安家落户，生物资源丰富多彩。

4. 高耸奇特的海山

海底存在着几万座"海山",这种"海山"位于深海底部,一般高出周围海底约一千米。在太平洋中部,有一条西北—东南走向的雄伟的海底山脉。它北起堪察加半岛,经夏威夷群岛、莱思群岛至上阿莫士群岛,绵延一万多千米,把太平洋分成东西两部分。在太平洋山脉以西,除有西北海盆、中太平洋海盆和南太平洋海盆外,还有一片繁星般分散的海底山。这些海底山有的沉没在深海中,有的耸立于海面之上成为岛屿。

科学家们对海山的探测从近几年才开始,在水下的每一处山峰进行勘测时都有新发现。他们在多座海山中发现约一千个物种,其中有 1/3 左右是新物种,这些物种都是深海中的独有物种,令人惊异。如长足海蜘蛛,在海底巨大压力的环境中,经过漫长的进化,腹部变得很小,其中性腺和大部分肠子分布在足内。科学家还发现了海百合,海百合喜欢在珊瑚边生活,它们一边爬行一边伸出羽状臂捕捉食物,这些美丽的海百合是海星的近亲。

其中美国最大的海山——戴维森海山就位于距离海面 1200 米的地方,在美国加利福尼亚州海岸线附近。科学家也在这座海山的周围发现了新物种,而且还发现了一些罕见的动物。

戴维森海山远离海岸又深藏海底,它是海洋生物难得的避难场所。这个海底世外桃源充满着新景象。火山熔岩的表面坚固多岩石,在海山附近还生活着几米高的罕见而美丽的深海珊瑚;还有一种捕蝇海葵,它是世界上已知的最漂亮、最迷人的海葵,长得有些像捕蝇草;还有蟾蜍鱼,这种鱼身上布满了蟾蜍一样的疙瘩,上面还长满了尖刺,样子非常恐怖。

戴维森海山形成的原因和过程,成为地质学家们关心的问题。虽然地质学家已经估计出了戴维森海山大约形成于 1200 万年前,但他们希望能更确切地追溯海山形成的年代和海底火山喷发的时间。

5. 深藏海底的"无底洞"

在神话小说《西游记》里，唐僧师徒西天取经，在西行路上，曾遇见一个深不见底的无底洞。在《山海经·大荒东经》里面记载着"东海之外有壑"。另外《列子·汤问》中也记载着：渤海的东边，有一个无底洞，名字叫"归墟"，不论是天上的雨水，还是地上的河水，全都流进了归墟，却永远也灌不满。那么在现实生活中，是否也有这样的无底洞呢？

在希腊克法利尼亚岛阿哥斯托利昂港附近的爱奥尼亚海域，也有一个这样的无底洞。许多世纪以来，这个无底洞一直在吸取大量的海水。据估计，每天约有 3 万吨之多的海水流进这个无底洞。

这是什么原因呢？有人猜测，海洋里的这个无底洞可能是因为当地石灰岩广布，从而形成漏斗、落水洞一类的地形，水从地下流走了。例如，中国四川省兴文县的石海洞乡，就有一个长径 650 米、短径 490 米的世界上最大的大天坑，当地老百姓称它为"天盒"。无论是暴雨倾盆，还是山水骤至，这里始终不积水，水都通过斗底暗河汇入长江水系。

通常情况下，采用各种检测手段，总能够重新找到消失在漏斗里的水流的踪迹。遵照这种说法，人们完全可以采取各种手段找到无底洞的出口。然而，克法利尼亚岛附近的海底无底洞与四川兴文县的无底洞不同，在那里失踪的海水怎么也找不到了。《西游记》是一篇神话小说，说的无底洞只是神话故事。《山海经》和《列子》记载的无底洞，人们又没有办法考证是真是假。按理说，人类居住的地球是圆的，由地壳、地幔和地核三层组成，真正的"无底洞"是不应存在的，我们所看到的各种山洞、裂口、裂缝，甚至火山口也都只是地壳浅部的一种现象。可是话又说回来，不管是《西游记》，还是《山海经》和《列子》却记载了地球上确确实实存在着无底洞，人们总不能凭空想象吧？

那么，地球上是否真的存在"无底洞"呢？实际上，地球上确实有这样一个"无底洞"。

　　它位于希腊亚各斯古城的海滨。由于濒临大海，在涨潮时，汹涌的海水便会排山倒海般地涌入洞中，形成一股湍湍的急流。据测，每天流入洞内的海水量达10000多吨。奇怪的是，如此大量的海水灌入洞中，却从来没有把洞灌满。

　　为了揭开这个秘密，1958年美国地理学会派出一支考察队，他们把一种经久不变的带色染料溶解在海水中，观察染料是如何随着海水一起沉下去。接着又察看了附近海面以及岛上的各条河、湖，满怀希望地去寻找这种带颜色的水，结果令人失望。难道是海水量太大把有色水稀释得太淡，以致无法发现？

　　几年后他们又进行了新的试验，他们制造了一种浅玫瑰色的塑料小颗粒。这是一种比水略轻，能浮在水中不沉底，又不会被水溶解的塑料粒子。他们把130公斤重的这种肩负特殊使命的物质，统统掷入到打旋的海水里，片刻工夫，所有的小塑料粒子就像一个整体，全部被无底洞吞没。他们设想，只要有一粒在别的地方冒出来，就可以找到"无底洞"的出口了。然而，发动了数以百计的人，在各地水域整整搜寻了一年多以后，他们仍一无所获。

　　至今谁也不知道为什么这里的海水没完没了地"漏"了下去，这个"无底洞"的出口又在哪里？每天大量的海水究竟都流到哪里去了？

6. 深海中的奇异绿洲

　　1977年10月，美国著名杂志《全国地理》报道了这样一则消息：一群美国地质学家乘小型深潜艇"阿尔文森"号，在东太平洋加拉帕戈斯海底大裂谷中，第一次发现了充满多种生命的热泉口。

这些高高地耸立在海底的热泉口，像一只只冒烟的烟囱，突突地喷吐着一股股热液。科学家们试着用温度表测量一下水的温度，谁知温度计刚一接近热泉口，温度计的外壳就显示出开始要熔化的样子。科学家这才意识到，这里的温度出奇的高，足有 300~400℃。在热泉口附近，浮游着各种各样前所未见的奇异生物，有血红色的管状蠕虫，有大得出奇的蛤和白蟹，还有一些像蒲公英一样的生物。谁都无法想象，在这永远见不到阳光的漆黑的洋底，竟然有这样一个奇异的世界！科学家们把这里称作是难以置信的"深海绿洲"。

这个发现引起了各国科学家的浓厚兴趣。后来，法国和墨西哥的科学家们先后乘坐深潜艇到东太平洋考察，结果也发现了类似的情景。1979 年 1 月，又一批美国科学家在全美科学基金会的支持下，再次乘坐"阿尔文森"号下潜到加拉帕戈斯裂谷和东太平洋海隆。

在第二次考察加拉帕戈斯裂谷过程中，除了地质学家外，还有生物学家和化学家参加。他们进一步研究了那些红色的管状蠕虫，发现它们没有眼睛，没有嘴，没有肠子，也没有肛门，可是它们却有不同的性别。可是人们还不清楚这些蠕虫是如何繁殖的。它们很可能是通过把卵和精子排到水里的方法来繁殖。蠕虫的体内含有血红蛋白，所以身体是血红的。蠕虫的消化方式并不复杂，它们用末端充满血液的触角，从水里吸收食物的分子和氧气，血液把这些营养物输送到全身。

这里的各种生物都有不少奇特的地方。有一种蟹虽没有眼睛，却无处不能爬到。它们已经非常习惯深海高压环境下的生活，把它们带到水面上反倒活不下去。那种像蒲公英一样的生物，如同一只只气袋，漂浮在水中，常常几百个汇集在一起，共同生活，而且有不同的分工，有的管捕食，有的管消化，有的进行再繁殖，同样一旦把它们带到水面，也会像海底蟹一样马上就呜呼哀哉了。

经过科学家们的调查发现，热泉附近的食物密度非常惊人，据估计，比喷口区以外的地方大 300~500 倍，即便是与海面上生物丰富的地方相比，也要大出 4 倍。这要归功于这里的热泉。科学家们发现，在热泉内有大量的细菌迅速繁殖。看起来这些细菌是靠吞食热泉中的硫化物生长的，而它们自身又成了比它们高级的蠕虫、蟹等生物的丰富食物。

而科学家们的另一个最重要的收获，就是那些烟囱似的热泉口，因为温度很高，就直接称其为"海底热泉"。这些热泉"烟囱"高2～5米，它们排成一条线，长达几千米。"烟囱"里不停地喷出"黑色或白色的浓烟"，其实，那并不是烟，而是含有丰富的矿物质的高温海水。热液中的矿物质有铜、铁、锌、硫，还有少量的钴、铅、银、镉。喷出的热液遇到周围的冷海水后，又急剧落下，其中的矿物质堆积在喷口周围，形成了矿物堆。这是科学家们第一次看到的独有的成矿过程。

长期以来，人们一直认为，由于深海底的寒冷、黑暗和高压等恶劣环境，生物不可能在里面生存。现在这个传统观念被打破了。深海底热泉口附近那些生机勃勃的生物群，它们不是依赖太阳的光和热，而是依靠热泉水生息繁衍。这里的深海生物，有着与传统的认识完全不同的生态环境和生态系统，这大大丰富了海洋生物学甚至整个生物学的内容，为生物学家开辟了一个新的研究领域。

7. 耸立海底的"黑烟囱"

在大洋的底部，太阳光线不能到达，这里是永恒的黑暗。如此深邃的"暗无天日"的海底，有一个个黑色的"烟囱"正在"咕咕嘟嘟"地冒烟，"烟囱"直径约为2～6米，热水在其中上下不停地翻腾着，还不时喷涌出五光十色的乳状液体。这就是在全球海洋地质界中引起极大关注的海底"黑烟囱"。

1977年10月，美国伍兹霍尔海洋研究所所属的深海潜水器"阿尔文森"号在加拉帕戈斯群岛海域率先发现海底热泉生态区。这个海底热泉生态区位于东太平洋，水深2500米。这里也是地球上地壳最薄的地方。热泉生态区热液的喷出速度高达每秒数米。热液喷出后，遇到了冷的海水而迅速降温，所带出的矿物质结晶而形成筒状，由于含硫化物较多而呈黑色，高度可达 10 米，如同黑烟囱耸立于洋底。这些黑烟囱迅速生长，又很快倒下，形成一片金属硫化物矿床。

后来，海洋学家又先后在墨西哥西部沿海以北的北纬 10°海底和北纬 21°的胡安·德富卡发现了海底中耸立着许多黑色的"烟囱"，并为此取名"黑烟囱"。海洋地质学家仔细研究了洋底热液喷出口，他们发现，这些喷出口实际上是洋底的间歇喷泉。炽热的热泉从洋底裂缝里流出来，虽然温度很高，但不会沸腾，这是因为在 2000 多米水深的海底，其压力相当于 200 多个大气压，如此高的压力下，热液是不会沸腾的。热液喷出后很快冷却，热液中含有的大量矿物质，包括锌、铜、铁、硫黄混合物和硅等，散落在海床上，越积越厚，最后形成烟囱状的山峰。这些人间罕见的奇异景观引起了科学家们极大的兴趣。

科学家以距西雅图以西 480 千米太平洋海底的"黑烟囱"为例，对"黑烟囱"的成因进一步作了解释。科学家们认为，由于胡安·德富卡板块不断地与太平洋板块碰撞，碰撞的结果令海底地层出现裂缝，继而产生了裂缝扩张，于是地球内部的热液喷涌而出，这些热液冷却后又形成了新的海底地壳。海水在地心引力作用下倾泻而出深入地裂中，同时形成海底环流将熔岩中大量的热能和矿物质携带和释放出来。当从地裂中涌出的炽热的海水再度遇上冰冷的海水时，便形成了一缕缕漆黑的烟雾。矿物质遇冷收缩，最终沉积成烟囱状堆积物，这就是海底"黑烟囱"的成因。

海底"黑烟囱"的形成主要与海水及相关金属元素在大洋地壳内热循环有关。由于新生的大洋地壳温度较高，海水沿裂隙向下渗透可达几公里，在地壳深部加热升温，溶解了周围岩石中多种金属元素后，又沿着裂隙对流上升并喷发在海底。由于矿液与海水成分及温度的差异，形成浓密的"黑烟"，冷却后在海底及其浅部通道内堆积了硫化物的颗粒，形成金、铜、锌、铅、汞、锰、银等多种具有重要经济价值的金属矿产。目前，世界各大洋的地质调查都发现了"黑烟囱"的存在，并主要集中于新生的大洋地壳上。

"黑烟囱"含有大量金属硫化物，在已发现的 30 多处矿床中，仅属于美国的加拉帕戈斯裂谷中的硫化物的储量就达 2500 万吨，其开采价值达 39 亿美元。从多处海底热泉采样分析来看，这些硫化物含有的矿物元素种类繁多且品位极高。发生这种热液喷出现象海域的平均深度为 2225 米。热液矿藏又称为海底金属泥。海底热液矿藏中含有大量金属的硫化物，这些发现引起了世界各国的关注，而红海的重金属泥则是迄今世界上已发现的最有经济价值的热液沉积矿床。另一方面"黑烟囱"为什么会引起这么大的关注呢？一方面海底矿藏形成的具有巨大的生物医药价值。大量的海底调查研究发现，在海底"黑烟囱"周围广泛存在着古细菌，这些古细菌极端嗜热，可以生存于 350℃ 的高温热水及 2000～3000 米的深水环境中，为古老生命的孑遗。"黑烟囱"喷出的矿液温度可高达 350℃，并含有 CN 等有机分子，为非生物有机合成，如此环境可以满足各类化学反应，有利于原始生命的生存。从这些深海高温下生存的细菌中可以提取新型的生物酶，用于新医药和洗涤剂开发。而且海底"黑烟囱"周围的生物多样性和生物密度可与热带雨林相媲美，这里新发现的生物种类已经达到 10 个门类、500 多个种属，极大地拓展了对生命现象的认识。

科学家为人们描述了这样一幅"海底图画"：全球大洋底长达 4 万公里的大洋中脊首尾相接，其上不断有浓密的"黑烟"（热液）喷发，形成了无数的金属硫化物"黑烟囱"，"烟囱"周围活跃着蓬勃的深海生物，包括管状蠕虫、贻贝、蛤、虾以及浓密的化学自养细菌。"黑烟囱"不断生长坍塌，形成海底矿床；海底火山口处有钴结壳；广袤的海底盆地分布着大量的多金属结核。

"黑烟囱"不仅能喷金吐银，而且还为地球生命的起源研究提供了重要的线索。

五、不可思议的极地现象

今天，人们对南北两极的了解还是远远不够的。因为不计其数的奇观让人觉得这里太神秘，处处可见的美景让人感到这里太神奇。五光十色的冰洞，里面有天然雕刻的各种造型；海市蜃楼的季节，可以见到你无法想象的幻象。如荷叶般飘浮的海冰，有两个太阳出现的幻日，看似温泉实则冰湖的欺骗岛，还有那冰层峡谷的阴森迷宫，都会让人流连忘返，永生难忘。

1. 神奇而美丽的南极冰洞

在南极有一种像动画片中美丽的水晶宫的洞穴——冰洞。冰洞的洞口上方就像"冬天的屋檐"，垂下条条冰柱，参差错落；内壁仿佛悬挂着巨大透明的帷幔和精美的雕刻；洞顶倒挂着冰钟乳，像艺术家制作的吊灯，更像串串葡萄；洞底部还有像宝剑、尖刀或圆球的冰笋……置身其中，仿佛走入神话般的世界。如果有阳光透入，则更是五光十色。

冰洞一般出现在冰川的末端，而在冰川的表面上则分布着许多高深莫测的冰溶洞。冰溶洞是冰川上的冰井，比较集中地分布在南极半岛地区，洞上被冰雪覆盖，下面就是高深莫测的空洞，这种冰上陷阱，很难发现，所以对极地探险者来说相当危险。

各国的科考队员在南极考察时都十分谨慎。1989 年 8 月，一些想徒步横穿南极大陆的探险家和科学家在经过冰溶洞区时，曾多次发生人和狗拉雪橇一起掉进冰溶洞的险情，幸亏事先准备充分、救助得当，才得以安全通过。

2. 极地丰富多样的大气光学现象

海市蜃楼本来是发生在辽阔的海面上的自然景观，但是在极地，也是经常能够看到海市蜃楼现象的。

当地面附近的大气温度急速变化的时候，光会向冷的一边发生折射，使得地面上的风景相反的显现出来，或者使远处的风景浮现到天空中，这种现象就被称为海市蜃楼。在日本海一侧的富山湾等地方，偶尔就能见到这种现象。大气中光的反射、折射和回射等引起的现象就被称作大气光学现象。大气光学现象并不是仅仅在极域发生的现象，但是因为极域温度低，很容易发生小的雪结晶（冰晶）参与的现象或者像海市蜃楼那样由于温度急剧变化而产生的现象，因此在极域看到大气光学现象的机会比较多。

晕轮是一种经常能在南极看到的大气光学现象，晕轮现象中还经常能看到内晕、幻日和光柱等现象。晕轮是冰晶参与的光学现象。因为太阳光线以不同角度照射到柱状或者板状的冰晶上，就会形成各种种类的晕轮。内晕是在太阳周围形成的晕轮。用肉眼看时，角度在22度的圈就被称作内晕，46度的圈就被称作外晕了。在和太阳差不多高度的内晕的稍外侧，就能够看到幻日了。

和太阳垂直并发出红光的叫做光柱。晕轮（内晕、幻日等）是光因为冰晶的作用发生折射形成的，根据光的波长不同，发生折射的角度也不同，因此会有很美丽的颜色。虽然有些晕轮（比如光柱）因为冰晶的反射现象并没有颜色，但是因为一般都是在地平线附近看见光柱，所以看上去它是红色的。

在南极还能看到十分罕见的"绿闪"现象。"绿闪"是指当太

阳下沉到地平线时，最后一缕光线看上去是绿色的，并且还在闪耀的现象。看到这种现象的前提是地平线附近的大气非常透明且不上下左右摇摆。

3. 漂浮在南极海面上的荷叶冰

荷叶冰是南极海面上浮冰特有的一种存在形状。荷叶冰纯净水在零度时结冰。南极海水含盐度约为 3.4 克/升，结冰温度低达 −1.9℃，刚好在这种温度条件下由海水冻结成细小的冰晶聚合在一起，这些圆形或椭圆形的冰体在飘动中互相碰撞，随即边缘卷起，酷似一片片漂浮在海面上的荷叶，因此科学家给它们取了个好听的名字：荷叶冰。

整个南极大陆被海面上的浮冰包围着，从海面下去到 2000 米深的海水中，形成了许多的冰晶，所以躁动的海浪看上去像一锅黏稠的冰粥。随着气温越降越低，海面上的冰块也越来越多，它们互相推挤着，开始粘连成一张张更大一些的冰块，它们此时的形状酷似洁白的荷叶，也有的人认为它们更像一张张大饼而叫它大饼冰坨。有人估算过，如果这一张张大饼冰坨全都连接起来的话，能覆盖整个美国。

4. 冰雪相伴的极地火山

极地本来是地球上最寒冷的地方，然而，令人想不到的是，在这冰天雪地的世界里竟有活火山的存在。这里的火山是冰火相伴的山峰，它们令人惊异地矗立在人迹罕至的南极洲上。

特罗尔火山、埃里伯斯火山是地球上已知区域最南端的两座山，最初发现这两座火山是位名叫罗斯的探险家。1841年1月，罗斯率领着探险队向南推进。一天早晨，他看见一座雄伟的山峰峰顶有东西飘扬，起初以为是雪花随风乱舞。当他靠近时细看原来是一座火山正在喷发，喷出大量火和蒸气。在万里冰原中有此景象，实在令人惊讶。罗斯上校以船名把这座火山命名为埃里伯斯，以另一船名命名附近一座较小的休眠火山为特罗尔。

历经千辛万苦，罗斯上校始终找不到磁南极。南下的路被冰架阻挡，此冰架大如法国，后来命名为罗斯冰架。虽找不到磁南极，但此行已是了不起的成就。

南极大陆沿岸的火山，分布是有规律的，它基本上处在向着太平洋的一面，是世界上火山最多也是最活跃的环太平洋火山带的延续。

南极的火山活动为地质学家提供了研究地壳运动和地球内部结构的良好机会。在欺骗岛，由于火山活动而形成了一条100多米的裂缝，裂缝的断面就是一道冰崖，它是由一层冰一层火山灰叠加形成的，这个奇特的冰崖为火山活动的历史提供了一份不可多得的记录。

那么，南极为什么会发生火山现象？科学家的解释是，由于熔融的岩浆在几公里以下的地壳空间里聚集，喷发以后，这些空间下面大约600公里深处的岩浆，又会升上来把它们填满。如此喷发、填补、再喷发、再填补，喷发出来的岩浆不断地冷却，堆积，层层覆盖，进而创造出了一座座神奇的火山。

埃里伯斯火山的喷发景象尽管令人胆战心惊，但1975年以前从没有人受到伤害。1979年11月，一架新西兰飞机载游客飞到火山边观光，遇上喷发，不幸257名乘客与机组人员全部罹难。可以说他们主要死于"乳白天空"现象，那是极地一种极其危险的大气光象：大地与天空呈现一片均匀的白色辉光，云和地平线难以分辨，以至于无法辨认方向和景物。出事飞机的残骸仍散布在冰雪中，提醒大

家南极洲虽然美丽多姿，但也很危险。

如今，埃里伯斯火山已经成为南极洲的灯塔和路标，在午夜太阳的照耀下，笼罩着玫瑰红与松石绿的光晕，喷出的蒸气远飘数里，飘过冰封的罗斯岛上空，可谓壮观而又美丽。山下有美国人建立的麦克默多站，不远处有几间小屋，是当年斯科特、沙克尔顿所率领的探险队住宿的地方。小屋现已破旧，陈设仍保留原样。罐头食物、留声机都放在原来地方，在严寒中保存完好。20 世纪初期的探险家简直把埃里伯斯火山视为"良师益友"，因为他们一次次外出勘察地形或作科学考察，都是赖埃里伯斯火山将他们引导返回营地。

5. 神秘莫测的绚丽极光

神话般的南北极是一个名副其实的极光的舞台，因为人们在这里随时都可以欣赏到绚丽多彩、变幻莫测的极光之舞，虽然科学家早已告诉我们这是极地磁场因粒子碰撞产生的一种自然现象。但人们更愿意相信这是极地女神挥舞长空的彩练，这是自然大师为我们表演的神秘魔术。

关于极光的传说在我国的古书《山海经》中就有记载。书中写到北方有个神仙，形貌如一条红色的蛇，在夜空中闪闪发光，它的名字叫触龙。关于触龙有如下一段描述："人面蛇身，赤色，身长千里，钟山之神也。"这里所指的触龙，实际上就是极光。

还有下面这个关于极光的传说故事。相传公元前 2000 多年的一天，黑夜把远山、近树、河流和土丘，以及所有的一切全都掩盖起来。这时，一个名叫附宝的年轻女子独自坐在旷野上，群星闪闪烁烁的天幕，静静地俯瞰着黑魆魆的大地。突然，在大熊星座中，飘洒出一缕彩虹般的神奇光带，如烟似雾，摇曳不定，时动时静，像行云流水，最后化成一个硕大无比的光环，萦绕在北斗星的周围。

这时，环的亮度急剧增强，宛如皓月悬挂当空，向大地泻下一片淡银色的光华，映亮了整个原野。四下里万物都清晰分明，形影可见，一切都成为活生生的了。附宝见此情景，心中不禁为之一动。由此便身怀六甲，不久生下了个儿子。这男孩就是黄帝轩辕氏。

在国外，也有关于极光的神奇传说。极光这一术语来源于拉丁文伊欧斯一词。传说伊欧斯是希腊神话中"黎明"（指的是晨曦和朝霞）的化身，是希腊神泰坦的女儿，是太阳神和月亮女神的妹妹，她又是北风等多种风和黄昏星等多颗星的母亲。极光还曾被说成是猎户星座的妻子。在艺术作品中，伊欧斯被说成是一个年轻的女人，她不是手挽个年轻的小伙子快步如飞地赶路，便是乘着飞马驾挽的四轮车，从海中腾空而起。有时她还被描绘成这样一个女神，手持大水罐，伸展双翅，向世上施舍朝露，如同我国佛教故事中的观音菩萨，普洒甘霖到人间。

科学家探究了极光产生光和色的原因，极光现象常发生在 90～200km 的电离层，主要在 E 层和 F1 层。在这附近大气尽管稀薄，但存在大气。极光粒子与组成大气的分子和原子发生激烈碰撞，因上层大气稀薄，这样的碰撞多发生在电离层的下层。多次碰撞的极光粒子逐渐失去能量，到某一高度后不再沉降，这个高度就是极光的下边缘，高度常在 90～110km 附近。被碰撞的大气分子、原子、离子从碰撞中得到能量，跃迁到比平常更高能的能态。把分子和原子这样的状态叫做激起状态，受激发的分子和原子非常不稳定，将释放多余的能量回到稳定状态。这多余的能量以光能的形式释放，形成极光的发光现象。极光的发光原理像我们每天都看到的霓虹灯发光现象一样，将高速带电粒子流注入霓虹灯管与其中气体发生碰撞而导致了发光。

氧原子发出黄绿色和红色的光，氮分子发出粉红色的光，氮离子发出的是蓝紫色的光，电离层存在各种气体，可发出各种各样特有的颜色的光，这构成了极光绚丽的色彩。特定的气体，通过特定的反应，可发出特定色彩的光。根据极光的光谱分析，能演绎电离层内存在什么样的气体，发生什么样的反应。极光是各种各样波长的光叠加在一起的结果，将光分开成不同波长光的分析方法叫光谱分析法。

经常出现的极光是黄绿色的，光谱分析中这个光的波长为 5577 埃，已弄清这是受激励的氧原子发出的光。除了波长 5577 埃的光外，氧原子也发出波长为 6300 埃、6364 埃的红光，氧原子是产生红色极光的主要原因。

极光的运动变化，是自然界这个魔术大师，以天空为舞台演出的一出以光为主角的情景喜剧，上下纵横成百上千公里，其神秘莫测，几乎是用语言无法形容的。

6. 奇特而疯狂的风吹雪

在南极存在着一种奇特的刮风现象，叫下导风。这是因为南极四周海洋洋面的上升气流源源不断地聚集、辐合在南极冰盖上空，在冰盖冷源作用下，聚集、辐合在南极上空的气流降温，进而下沉，这些下沉的气流又沿着南极冰盖表面向四周流动，于是便形成了从南极内陆腹部向南极周边吹动的定向风，科学家将这种风叫做"下导风"。

下导风不停地将南极内陆的冰雪吹移到南极周边、下游地带，这是南极冰盖冰雪物质再分配和运动的重要方式。南极一年之中均盛行由内陆向边缘吹刮"下导风"。伴随着下导风的则是风吹雪。这些风吹雪会在一定地形条件下形成一个个跪雪丘，专业上叫作"Dune"，被风掏挖过的地方则形成一个又一个有规律的负地形凹坑，专业上叫作"Sastrugi"。这种风吹雪现象严格地说就是恐怖的暴风雪，其肆虐起来，风速极快，持续时间长，破坏力极大。

1960 年 10 月 10 日，在日本昭和站就刮起了一次风吹雪。那天下午福岛绅队员到外面给小狗喂食再也没回到站，成为南极观测史上第一个牺牲者。他的生命就是被风吹雪夺走的。他的遗体在 8 年多之后的 1969 年 2 月，在离站 4 千米地方被发现。

1979 年 8 月 1 日在澳大利亚的凯西站，出现考察队员到 20 米外上厕所而未能返回，最后在厕所入口 6 米处发现遗体。风吹雪确实是恐怖的，风吹雪也叫雪暴。它的成因来自北美东北部的暴风雪，不管怎样叫，强风舞动着吹雪，视线恶化，因此能见度极低是风吹雪的特征。

风吹雪可分为以下三个等级：

A 级风吹雪，风速 25m/s 以上，能见度 100m 以下，持续 6 小时以上。

B 级风吹雪，风速 15m/s 以上，能见度 1000m 以下，持续 1～2 小时以上。

C 级风吹雪，风速 10m/s 以上，能见度 1000m 以下，持续 6 小时以上。

也有下降风诱发的地吹雪，在这种情况下由于移动着的低气压通过，并且低气压几乎都沿着大陆岸线从西向东，因而地吹雪发生时气压急剧下降，气温上升，自动气压计的记录纸记录的气压变化如同大型台风通过时记录的 V 字形的气压变化。风吹雪现象多发生在每年的 4 月，几乎每周都有发生。A 级风吹雪过后，基地周围会发育出许多雪脊，以至于科考站周围的面貌也会有较大的变化。

7. 北冰洋上的冰风之斗

北冰洋中的大风可以说是惊天动地，它一旦发起怒来，会让万吨巨轮成为岌岌可危的一叶孤舟。北冰洋中的冰也是非常可怕的，无边无际、坚硬无比的冰山，会让万吨巨轮寸步难行。风的狂暴和冰山的硕大成为北冰洋的显著特征。

那么，风和冰谁更强大呢？这个问题似乎很难回答。

在风与冰的争斗中，风一直占据着主动。从这个意义上说，风是北冰洋的主宰。是风把冰吹来吹去，形成了北极穿极流；风的脾气暴躁，一旦发起怒来，撕裂海冰，使之形成了无法计数的冰脊和冰间水道；是风的强烈搅拌，使海冰快速融化。在这种时候海冰不过是一个受气包，每天在默默地忍受着风的虐待，敢怒不敢言。

然而，风的咆哮不可一世，海冰安然面对狂风，处变不惊。即使有 12 级风暴，大洋还是安详如故，冷静地等待着风歇斯底里后平静下来。在永久冰区，海冰消波平涌，使冰下海洋不知波涛为何物。海冰面对黑暗严寒的极夜，为海水盖上了温暖的棉被。风撕裂了冰原，露出了温暖的海水，冰会默默地把冰原修补起来，为海洋保温。海冰对风暴施以大度，以不变应万变，构造了北冰洋的和谐。

风与冰一方面像不打不相识的朋友，另一方面又相互依存。风的强度与海冰是分不开的。正是由于海洋上的重冰，才使得北极保持强大的波弗特高压，为狂暴的风创造了条件。夏季海冰融化，海洋向大气强烈地输送热量，导致了夏季的风暴。

其实，冰和风是对立地存在于一个统一体中的。风与冰像一对武林高手，一个用的是长拳，一个用的是太极，一快一慢，旗鼓相当，打得难解难分。风与冰在跳着无休止的华尔兹，只不过是一对舞伴的性格不同，一个动作太大，一个反应太慢，不够协调。风与冰像一个和谐的家庭，风是性格不成熟的孩子，冰像宽容敦厚的母亲，维系了整个家庭的完整。北冰洋，正是有了万里冰原，才有了北极的辽阔与神奇；正是有了浩荡狂风，才有了北极的粗犷和严酷。

科学家预言：假如有一天，北冰洋上的海冰完全消失，风也就会失去它如今的对手，自己也将变得虚弱，而无力发威。波弗特高压会因海冰的消失而大大减弱甚至消失，极地的风能由强东风变成弱西风。北冰洋的海水可能不是流向大西洋，而是形成自我封闭的流动。北冰洋将不再是狂风的世界，而变成另一个风和日丽的太平洋。

8. 很少感冒的极地人

中国南极考察已有20多年的历史，大凡去过南极的人，都有切身的体会：在冰天雪地的南极，人很少感冒。

许多科考队员都有这样的经历，洗一刻钟水温为 - 1.8℃的海水浴，接着在 - 17℃的寒冷天气中呆半个小时，绝对不会有什么问题，连伤风感冒都没有。事实上，在寒冷和气温急剧变化的极地世界里，科考队员们几乎没有感冒过。纵使他们在极地的严寒中冻上几星期，他们仍会感到身体比在大陆时更健康。然而就是在我国南方地区，人们稍许吹一点穿堂风便会伤风感冒。有人开玩笑说：100年后，会不会用飞机把患有肺病的人送往没有细菌的北极进行疗养呢？

在极地不易患感冒的现象，在一位北极探险者所作的描述中得到印证。

例证之一：1989年创建中山站的日子里，一天22时左右，满载建站物资的运输艇出发了。考察队员姜廷元站在艇前负责观察并提示冰情。太阳落下山去，天色逐渐暗了下来，运输艇在冰区里挣扎前进。突然，操艇队员听到艇边有"哗啦"、"哗啦"的声音，开始以为是海豹，定睛细看，原来是姜廷元。他正用手臂拨开小块浮冰，向运输艇游动。操艇队员赶紧停住运输艇，跑到艇前接应，把他从海里拉了上来。他冻得嘴唇发紫，牙齿打战，说不出话来。身上棉衣湿漉漉的，海水顺着袖子、裤脚流在甲板上。

"你什么时候掉进海里去的，怎么也不喊救命？"队友问。"老半天了，冻得喊不出声。""别问了，人都冻成冰棍了，快弄到舱里扒光衣服，在机器房暖暖身子。"另一位队友催促道。回到岸上，这位落水者只打了几个喷嚏便重新投入工作。

例证之二：极地考察的队员晚上睡眠时多睡在睡袋之中。由于睡袋不够尺寸，而且往往穿着内衣内裤睡会增加摩擦系数，进入睡袋很困难，出来更不容易。要先费力地慢慢把一只胳膊抽出，然后侧身再抽出另一只胳膊，抓住睡袋中间的地方，手往下扯，身子往上拔。要是遇上内急，可就麻烦大了。于是他们索性脱个精光，甚至就连半夜上厕所也是这个样子，赤裸裸地蹦出去，哆哆嗦嗦地跳进来。同样，感冒与他们无缘。

人在南极、北极为什么会极少感冒？科学家认为，主要是极地气候寒冷，阳光紫外线强烈，加之人员稀少，使得致人感冒的细菌和病毒很难生存和传染。

9. 用雪块建造的坚固的雪屋

用雪建造雪屋应该是极地绝无仅有的建筑。住在极地的爱斯基摩人，由于没有木材、草泥，只能就地取材，用雪块建造房屋——雪屋。

雪屋都是圆顶的，建造圆顶雪屋需要一定的技术。建造雪屋所用的雪块要选质地均匀、软硬度合适的雪块，最好是选择风吹积而成的雪块。雪块的大小根据雪屋的大小而定，屋子越大雪块相应切得越大。每一块雪块呈立方体，雪屋里层的一面应该有一定的弧度，形成圆弧状，雪块要做得精确吻合，使雪屋坚固而不易倒塌。因为当人站在里面砌雪墙，砌到两三层时，在一边墙上开一个供建筑期间临时用的门。雪块砌到四五圈后向里增加倾斜度，开始封顶。最后用雪堵塞缝隙，封闭临时门。然后在底部挖出一个门，挖门的地方不要影响基础雪块。为了避免屋内过热使雪块融化，屋顶要开一个通风孔。雪屋建好后，把睡觉的地方用雪垫高，再铺上兽皮等。

爱斯基摩人通常在门外挖一个雪下通道，这个通道必须在圆顶屋背风侧。由于通道在雪下，因而冷空气不能进入屋内；由于采用地道入口，暖空气向上聚集在屋内，睡觉的地方就暖和多了。爱斯基摩人常常半裸体地躺在圆顶雪屋内，室内温度由他们的体温和点燃以海豹油为燃料的灯来维持。

10. 南极为何蕴藏丰富的陨石

早在 1912 年，澳大利亚南极探险队在南极发现了第一颗陨石。接着，一些科学家纷纷去南极探险，都希望能找到珍贵的宇宙使者。到 1968 年，科学家们先后找到 6 颗南极陨石。

1969 年，人们在南极地区发现了具有代表意义的 4 种类型的 9 颗陨石。这一发现立即轰动了整个科学界。随后，全球开始出现一股南极热。对"宇宙的使者"一往情深的人们越发心驰神往起来。

在昭和南极基地以南 300 千米处的大和山一带，日本科学家竟惊喜地找到 4000 余颗陨石；此后，美国科学家在麦克默多南极考察站找到陨石 800 多颗。据统计，到目前为止，共有 11000 多颗南极陨石被科学家们发现，大大超过了过去 200 年间在地球其他地区所发现的陨石总数。

根据历史统计规律，每 1000 万平方千米的地球表面上，平均每年只有 5 次陨石降落。南极大陆尽管地域辽阔，一年也不过 7 次。那么，南极的陨石为什么会远远超过地球表面的平均数量呢？

有人认为：南极如此丰富的陨石是由陨石雨造成的。科学家们对此提出异议：各种各样的陨石在南极的分布很不均匀，其物质组成及年代也有较大差别。显然，它们是在不同的时期降落的，绝非一两次的陨石雨造成。

根据南极陨石较小的特点，科学家们指出，这一现象得归功于南极地区强劲的下降气流。下降风不仅吹散了冰面上的雪，而且也把小粒陨石搬运到冰面与雪区交界的坡地，从而使考察队员能够一目了然；而在地球其他地方，这么小的陨石极易同其他石块混淆，

很难被人发现。

除此之外，科学家们认为，陨石降落地表后，在大自然中历经风吹雨打，有些未被人们发现便已被破坏；而在南极大陆，既无流水侵蚀，气温终年又在0℃以下，陨石在这没有任何自然环境的破坏中自然会保存得完好无损。

与此同时，科学家们通过放射性同位素测定发现：南极陨石的年龄大多为50万~70万年，寿命最长的达150万年。这正说明了南极陨石是在过去漫长的岁月中逐渐积累起来的，因而才会如此众多。

为了说明南极陨石比较多的成因，1978年，日本冰川学家长田提出了一个新设想，他认为：降落在南极大陆上的陨石是和冰雪混在一起的，并随着冰川由陆地向海流动而进入南大洋。其中一部分冰川被山地阻隔，流动速度逐渐减缓，因而滞留在某些特定地区。天长日久，这些冰川的表面逐渐消融，于是陨石就显露出来了，最终在冰面上富集起来。

这或许并不能表明南极陨石富集之谜已经解开了。更何况，在寻找南极陨石的漫漫长途中，人类才刚刚起步。

六、光彩夺目的奇异宝藏

我们所生活的蓝色星球，不仅有着旖旎的自然风光，还蕴藏着宝贵的自然资源。贵重的金银、晶莹剔透的钻石，还有储量较丰富的工业原料——铁矿。能源有用之不竭的风能和太阳能，日益枯竭的煤炭、石油和天然气。我们在享受地球母亲给我们恩赐的同时，是不是也应该清醒地认识到那些宝贵的不可再生资源迟早有一天会被我们用尽，到了那时，我们人类应该向何处去？而那些人不是别人，正是我们的子孙。所以，请收一收我们贪婪的欲望，珍惜并合理利用有限的自然资源。

1. "腰缠万贯"的金属贵族

（1）贵族之家

平常，人们把黄金和白银看作最贵重的东西。其实，铂族金属元素比金银高贵得多。铂族元素有 6 个成员：钌、铑、钯、锇、铱、铂。

（2）白金入海

铂族的代表是铂，俗称白金，历史上曾经被人们当作废物甚至危险低贱的东西。16 ~ 17 世纪，西班牙人从南美洲发现这种不知名的白银般的重金属颗粒，把它运回西班牙，以比银便宜得多的价格出售。一些奸狡之徒用它和金混在一起制造"金"首饰和伪金币。国王获悉后发布命令，把所有的铂倒入大海。

相传古代皇宫贵族吃饭时定要用银筷，因为他们认为银遇毒会变黑，以此来验证饭菜是否被下毒。科学实验证明，一般人较熟悉的剧毒物，如砒霜、氰化物、农药、蛇毒等，都不与银直接发生化学反应，所以说，银没有验毒本领。

（3）金无足赤

我国古人有观色定金的经验："七青、八黄、九紫、十赤。"

世界上用 K 表示金的成色。12K 是含金 50% 的合金，24K 的纯金含金 99.99%，所以俗话说"金无足赤"。

（4）姐妹矿

银金常以"姐妹矿"形式产出。当金矿物中的银含量达 10% ~ 15% 时，叫银金矿；银含量超过金含量的矿物称金银矿。许多金矿既产金又产银。

（5）最大的金块

最大的天然金块是霍特曼于 1872 年在澳大利亚发现的一块巨大的天然金块，重达 235142.46 克，从这块金块中提炼出了 82113.24 克纯金。

在南非世界上最大的兰特炼金厂总经理室里，放着一块金砖。在它的旁边写着："任何参观者，如能单靠个人体力将它拿起，就可以随意带走。"多少年来，凡到那里参观的人都想碰碰运气，他们咬紧牙关用尽全身气力，金砖仍然不动。

（6）价值连城的金蛋

俄国珠宝商卡尔·法伯格 1903 年在其作坊里制作的一枚特殊的"蛋"，在纽约克里斯蒂拍卖行同其他俄国艺术品一起被拍卖。预计这枚"蛋"将值 150 万美元。这枚金"蛋"里面镶有宝石，是法伯格为俄国实业家亚历山大·凯尔希制作的 7 枚蛋中的一枚。

（7）文明的使者

自人类从石器时代进入青铜器时代以后，青铜就被广泛地用于铸造钟鼎礼乐之器，如中国的稀世之宝——商代晚期的司母戊鼎就是用青铜制成的。所以，铜矿石被称为"人类文明的使者"。

（8）最大的铂块

铂在地球上储量稀少，而且不易提炼。目前世界上已发现的最大铂块，重9.6千克。全球黄金产量已超过1000吨，而铂的年产量只有20吨。

（9）亲生物的金属

当人体的骨头偶然摔断的时候，伤员被送到医院抢救，医生可能会用一种金属材料代替断骨，把人体的结构复原。在这以后，肌肉居然在金属材料上生长起来，好像真的人骨一样。这就是钽和钛，科学家们称之为"亲生物的金属"。

2. 储量惊人的能源宝库

（1）取之不尽的风能

风能是一种取之不尽、用之不竭的巨大自然能源。据估计，全世界可利用的风能资源约有10亿千瓦，比陆地水能资源多10倍。光陆地上的风能就相当于目前全世界火力发电量的一半。利用风能，不会产生任何污染物质，而且投资少，见效快，价格低廉。

（2）用之不竭的太阳能

现在利用太阳能的方法主要有两种：一种是把太阳光聚集起来直接转换为热能（即光—热转换）；另一种是把太阳能聚集起来直接转换为电能（即光—电转换）。用来进行光—热转换的聚光装置主要有平板型集热器和抛物面型反射聚光器。

世界上用地热发电最早的国家是意大利，1904年即已建成一座500千瓦的地热发电站。现在最大的地热发电站在美国，装机容量为50万千瓦。我国地热资源十分丰富，仅著名的地下温泉就有2000多处，虽然已相继建起了一些地热电站，但利用率还很低，还有待我们去开发。

（3）能量充沛的水资源

据估计，全世界海洋的潮汐能资源约有20亿千瓦。我国可供开发的潮汐能有3500多万千瓦，年发电量可达800多亿度。

海水中也含有铀，储量约40亿吨。20世纪60年代以来，世界上许多国家先后进行了从海水中提取铀的研究。如果把地球上的铀充分利用起来，铀能等于煤、石油和天然气的总能量的10倍。

（4）未来的设想

水是由氢和氧两种元素组成的，氢燃烧后生成水蒸气，又凝结为水，水又可继续制氢，如此反复循环，潜力无穷。科学家们设想：未来的社会将有专门的工厂利用太阳能来分解海水中的氢气和氧气，然后像液化气一样，通过管道送到用户家中。

（5）工业"血液"

石油是个成员众多的大家族。把它送到炼油厂精馏塔中"分家"，由轻而重分成挥发油、汽油、煤油、柴油和重油。再把重油送到减压加热炉"分家"，又可分出柴油、润滑油、石蜡和沥青。这些产品分门别类地充作飞机、军舰、轮船、汽车、内燃机、拖拉机、火箭的动力燃料，机械设备的润滑剂等。

石油被誉为工业的"血液"，在国民经济中发挥着重要的作用。我国石油储量丰富，但仍然需要大量进口。

1959年9月26日，黑龙江荒原的探井喷油了，这年正好是新中国成立十周年，所以把新发现的大油田取名为"大庆油田"。1963年，我国的石油达到基本自给。

（6）黑色金子

煤是古代植物深埋地下，在一定的温度和压力的条件下，经历漫长的时代和复杂的化学变化而形成的。如果将煤切成纸一样的薄片放到显微镜下，可以看到植物的细胞组织。

（7）固体石油

油页岩是一种高灰分（大于33%，煤的灰分小于33%）可以燃烧的有机岩石，由碳、氢、氧、氮、硫等元素组成。它的颜色有灰白、黄棕、褐、黑灰以及黑等多种，一般颜色愈浅含油率愈高。

（8）洁净燃料

天然气是一种蕴藏在地层内的天然气体燃料。它的成因和石油相似，但它分布的范围和生成温度范围要比石油广得多。即使在较低温度条件下，地层中的有机物也能在细菌的作用下形成天然气。

天然气是一种无色的气体，因此它是看不见、摸不着的。天然气的主要成分是甲烷，其次是乙烷、丙烷、丁烷，其他还有二氧化碳、硫化氢、氮、氢等气体。

3. 稀有昂贵的天然宝石

宝石是现代人的贵重饰品，对以前的人来说也是如此。从埃及等国的国王陵墓中，可看到很多宝石首饰。这些宝石并不纯粹只是装饰品而已，人们相信它具有保护作用。

（1）"宝石之王"金刚石

金刚石是自然界中最硬的矿物，它晶莹美丽，含量稀少，因此被人们誉为"宝石之王"。金刚石的晶面和抛光面呈现夺目的光彩，它在紫外线或 X 射线照射下会发出天蓝色、紫色荧光，经暴晒后，置于暗室内，能发出淡青色磷光，所以我国古代人们称它为"夜明珠"。珍贵的钻石，就是金刚石琢成的。

1829 年夏天，俄国乌拉尔金矿区一个 14 岁的童工巴维尔·波波夫，发现一粒小矿石与众不同，特别夺目。经过仔细研究，有人认出它是钻石。从此，掀起了寻找钻石的热潮。

（2）"玩"出的钻石城

一个英国商人在南非发现几个小孩在玩一种非常漂亮的石头。他仔细一看，这石头竟是钻石。他把这几颗钻石带到欧洲市场上高价出售，由此而发了大财。消息不胫而走，许多欧洲白人纷纷来到南非寻找金刚石。很快，一个金刚石大矿果然被他们发现了。他们以当时英国殖民大臣金伯利勋爵的名字来命名这个矿，如今金伯利已成为世界有名的钻石城了。

（3）常林钻石

1977年12月21日，在我国山东省蒙阴县，发现了一颗重量为158.7860克拉的特大金刚石。它呈淡黄色，色泽透明，光彩夺目，定名为常林钻石，是我国最大的天然钻石。据统计，500年来，全世界发现的100克拉以上的特大钻石只有20颗，常林钻石名列第14位。

（4）夺命的钻石

法国皇帝路易十五赠给他情妇杜巴瑞的那串由600颗名钻石镶成的项链，被人们称为"夺命项链"。它使路易十六的皇后玛丽安东尼上了断头台。

陈列在伦敦塔中英国皇太后的皇冠，有颗镶在十字中心的巨大钻石，名叫"光明山"。它在落到维多利亚女皇手中之前，曾经使两个帝国覆灭。

（5）中国是"东方玉国"

中国素有"东方玉国"之称。玉器是具有中国古代文明特色的工艺制品。人们把玉当作珍宝，视为真善美的化身。玉又分为软玉、硬玉两大类。我国则以产软玉著称。而硬玉类的翡翠呈柔润、娇艳的绿色，素有"玉中之王"的美誉。

1968年，我国河北省满城西郊出土了西汉靖王刘胜和他的妻子窦绾的金缕玉衣和玉盘等大批玉器文物，轰动国内外。他们的金缕玉衣是用1000多块著名的新疆和田玉精制而成的。

（6）"印度之星"

世界上最大的一颗宝石是名叫"印度之星"的蓝宝石，它比高尔夫球还要大，重量是563.35克拉，300年前采自斯里兰卡。19世纪末，美国金融家摩根为了在巴黎的世界博览会上显示他的财富，花了20万美元，从私人收藏家手中买下了一批宝石，在博览会上展出，"印度之星"就是其中的一颗。

（7）"斯里兰卡之星"

1978年在"宝石之国"斯里兰卡出土的一颗蓝宝石，经过琢磨、抛光加工，重362克拉，是近年来发现的稀世珍品，被定名为"斯里兰卡之星"。这颗蓝宝石被视为国宝，由斯里兰卡国家宝石公司珍藏在首都科伦坡。

（8）稀世之宝祖母绿

有颗名叫"亚历山大祖母绿"的宝石，是英国王室传世之宝，成为本世纪一则重要的国际新闻。这颗宝石原为"不爱江山爱美人"的温莎公爵的祖母亚历山大所有，是当年她嫁给英王爱德华七世时受赐的。后来，传给温莎公爵，公爵和夫人相继去世，遗下的近千万美元财产的归属（包括这颗传世之宝）问题，成为一大新闻。

（9）变色宝石

变石会变色，这是由于光源不同而引起的。红、橙、黄、绿、蓝、青、紫等色，七种颜色的光混合成为白色，它们光的波长有长有短。不同矿物有选择地吸收不同波长的色光。变石不吸收红色和部分蓝、绿色光，却能吸收其他色光。在灯光下，红色光比蓝绿色光强，变石呈现红色，可是，在阳光下，蓝色、绿色光比红色光强，变石就呈绿色了。

（10）迷人紫晶

紫晶鲜艳秀丽，受到人们喜爱。希腊神话说：有一个名叫紫晶的少女在森林中漫步，遇到酒神巴科斯，她惊慌逃跑，酒神在后追逐。在危急的时候，森林女神狄阿娜伸出了援助之手，把少女变成一座雕像。酒神无可奈何，把酒洒在雕像上，于是变成了迷人的紫色。

七、叹为观止的陆地植物

地球植物，就像包裹在地球表面以保护大地的衣衫，五颜六色而争俏斗艳，低伏高耸而错落参差，疏密依存而千奇百怪。人类目前所知的地球植物物种就达 40 万种之多，还有相当多的植物我们尚未发现，尚不了解。因而每当一种新发现的植物呈现在我们面前时，都会引来人们的惊叹与赞赏。比如，可以像人类分娩一样传宗接代的"妇女树"，时常迁居新址会"滚"的草，等等。

1. 纠缠不休的植物杀手

热带森林特别是从未开发过的原始森林，是许多凶猛的野兽经常出没的地方。那里的植物层层叠叠、纵横交错、种类繁多，有参天的高大乔木，也有比较矮小的灌木，还有下层的草本植物。在这些植物中，有的依附其他植物而生长，有的死死缠住高大的树木，专横跋扈，置高大树木于死地。这种专门欺负、毁坏参天大树的植物，被称为绞杀植物或毁坏植物。

在我国西南边陲的西双版纳密林中，经常可以看到绞杀植物毁坏参天大树的惨景。别看那参天大树气势雄伟，一旦被绞杀植物寄生、缠住，就像得了不治之症一样，最终都逃脱不了死亡的命运。

参天大树是怎样染上这种寄生"病"的呢？俗话说，"病从口入"。可是大树没有长口，寄生"病"又从何而入呢？原来这个

"口"不在大树身上，而是森林中飞鸟的口。例如，当榕树的果实成熟的时候，林子里的飞鸟相互争啄，但是，果实里的种子只是在鸟儿们的肠胃里旅行了一圈，并没有被消化掉。当鸟儿们在树林里休息、嬉戏的时候，未曾消化的种子就随着鸟粪撒落在树干或树枝上。这些种子有着高超的本领，不用入土就可发芽、长根。它们长出的根很特殊，能悬挂在空中，被称为气生根。这些气生根有的顺着大树（寄主）"爬行"，有的悬挂半空，慢慢垂入地面，扎入土中。入土的气生根便从土壤中吸取养料和水分，营养小苗。随着小榕树的长大，气生根越来越多，越长越粗，纵横交错，结成网状，将寄主的树干、树枝团团包围起来，而且紧紧地箍住大树的树干。于是，一场你死我活的"争夺战"便开始了。参天大树沾上绞杀植物之后，总想挣断绞杀植物的"紧箍网"，但已无济于事。绞杀植物很是厉害，像是施展了唐僧的"紧箍咒"，网眼状的根越长越粗，死死勒住寄主的树干不放，把大树勒得"喘"不过气来。不但如此，它们还依靠扎入土中的气生根和附生根，拼命地夺走寄主的养料和水分。它们繁茂的枝叶窜过寄主的树冠，与寄主争夺阳光。参天大树一旦得上这种寄生"病"，就甭想有生的希望了。这场树间的斗争日复一日、年复一年地进行下去，结果是大树被弄得筋疲力尽，逐渐衰退，而绞杀植物却根深叶茂，欣欣向荣。鏖战结束，大树被绞杀，根子烂掉，反而成了绞杀植物的养料。参天大树的根子一烂，树身经不住风吹雨淋，慢慢腐朽、剥落、消失。那被绞杀植物留在原地，像个空筒。此时的绞杀植物简直成了不可一世的胜利者，它们的网状互相愈合。于是，在原来参天大树的地方，代之而起的就是独立生长的绞杀植物。这场你死我活的争夺战可以经历十多年，以至几十年。

绞杀植物不但是西双版纳热带雨林中的特殊景色，而且是非洲、印度和马来西亚雨林中的常见植物。绞杀植物以桑科的榕属植物为最多。在热带雨林中，死于绞杀植物的乔木很多，例如菩提树、红椿、白椿、龙脑香、天料木和团花树等。

2. 濒于绝种的"妇女树"

一位名叫罗利斯·莱乔里的意大利植物学家曾到南美洲去考察。他在丛林深处的一个印第安人居住的地方，发现了一棵奇异的树。这棵树高约 4 米，树干的直径为 42 厘米，在树干的顶端竟长着与妇女类似的"性器官"，因此莱乔里将这棵树命名为"妇女树"。

一般的开花植物都是先形成花蕾，然后再开花。而这棵奇树没有花蕾，到了开花季节，便从树的"性器官"中直接"分娩"出 35 朵花，就像动物生育后代一样。这些鲜艳美丽的花朵能够盛开半个月左右，然后便开始凋谢；它的"性器官"也随之慢慢收缩、合拢，开始在里面孕育果实。这些果实也在"性器官"内成熟。就像母体内的胎儿，生长期长达 9 个月，它的外胎呈灰色、草质，内有果肉和几颗核，成熟后便会离开母体。

印第安人有一个奇特的习俗，喜欢用稀有的树种作为首领坟墓的标志，因此在这棵奇特的"妇女树"下也埋葬着一位当地的印第安人首领。莱乔里对"妇女树"结出的种子进行试验，发现这些种子没有生命力，不会发芽生长。于是他推测这棵奇树可能是印第安人从森林中其他同类树上切下了树芽，移栽到这里的。为了证实这一推测，莱乔里在丛林中徒步跋涉 500 多千米进行考察，终于又发现了两株同样的"妇女树"，并证实了这种树非常稀有，濒于绝种。这种奇树已经引起了植物学界的重视，但迄今为止，它奇异的生理机能仍然是个未解之谜。

3. 相生相克的各种植物

如同人与动物一样，植物之间也有"爱"和"恨"的感情纠纷。不过植物的"爱"和"恨"是体现在它们的生长状况上面的。有些植物种类能够"和平相处"，有些植物种类则"水火不容"，只有掌握了植物的不同习性，防止植物之间的相克才能使得"天下太平"。目前，研究植物的"相生相克"，已成为国际上的热门学科。

有些不同种类的植物由于习性互补，叶片或根系的分泌物可相互影响，这些植物聚在一起就会和睦相处，互助互爱。紫罗兰欣赏葡萄，它能使结出的葡萄香味浓郁，香甜可口；百合和玫瑰是最好的搭档，如果把它们种在一起，都可以变得枝繁叶茂；玉米和豌豆是最好的邻居，将它们相间种植，真是"你好我也好"。

有些植物彼此的习性可以互相帮助，感情深厚。大豆喜欢与蓖麻相处，蓖麻散发出的气味可以赶走专门危害大豆的金龟子；胡萝卜爱和洋葱在一起，它们发出的气味可以相互驱赶害虫；把大蒜和月季花变成邻居，就能防止月季得白粉病；旱金莲如果和柏树作为搭档，那它的花期不再是一天即逝，至少可以延长三四天。

有的植物习性天生是相克的，彼此之间水火不容，对待这类植物要趋生避克、就利去害，以免同室操戈。水仙花和丁香花不能长在一起，丁香花散发出的香气对水仙花来说就是一种毒气，对它的危害性极大；紫罗兰、丁香花、勿忘我和郁金香也是相克的对手，遇到一起只能争个头破血流，两败俱伤；而铃兰是最不友善的花卉，它只能自己独立生长，几乎跟其他一切花卉都不能和谐相处。

有些植物由于种类不同，习性各异，会从叶面或根系分泌出一些对其他植物有杀伤作用的有毒物质，以此来争夺营养空间，这样的植物遇到一起，真可以说是"冤家对头"。在苹果树、松树、桦树、西红柿、马铃薯等植物的附近千万不能种上核桃树，因为核桃树的根系能分泌出一种叫"胡桃醌"的物质，这种物质在土壤中水解氧化后，毒性极强，种在附近的植物根系吸收到这种毒性物质后可以致死。而向日葵、小麦、玉米等植物也不能和白花草、木樨在一起生长，否则，其结果只能是一无所获。

但是，植物之间究竟是怎样相生相克？又是为什么相生相克呢？这都有待进一步研究。

4. 植物王国中的旅行者

在人们的脑海里，植物与动物最大的区别就是动物可以自由移动，四海为家，而植物在哪儿生根发芽，一生就不能自由地移动了。其实不然，也有会动的植物。

在南美洲生长着一种奇特的卷柏，每当气候干旱时，它就会自己把根从土壤中拔出来，把整个身体缩成一个很轻的圆球。只要一点风，它就能随风在地面上滚动。当滚到水分充足的地方时，圆球就迅速地打开，根重新钻到土壤中，暂时生活下来。要是气候再有变化，它就会再次动身去寻找新的安居之地。因此人们称这种卷柏为植物王国中的"旅游者"。

尽管卷柏有着自己独特的生存之道，但它并不是没有后顾之忧的。因为它只适合生活在远离尘嚣、空气新鲜的大山中。如果周围的环境受到了工业的污染，那么它就会真的死去，不再"还魂"。因此，人们常常拿卷柏当作自然环境的"指示剂"。哪里的卷柏死了，就说明哪里的环境受到了污染；哪里有卷柏则证明哪里的环境较好。

在我国辽阔的东北大草原上，也有一种会滚走的植物。每当金秋来临，它们的枝条就开始向内弯曲，卷成一个圆球。秋风一吹，圆球就脱离植株的根部，在空中旋转或在地上打滚。它们滚呀滚呀，越滚越远，一直可以滚上几里、几十里路。冬天，大雪覆盖了草原，但只要这些圆球还没有被大雪埋没，就照样可以在地上滚来滚去。由于这些植物能随风翻滚，所以被称为"风滚草"。

风滚草的种子很小、很轻，但数量很多。当风滚草的草球随风翻滚的时候，种子也同时被散播了出去，草球滚得越远，种子就传播得越广。待到春暖花开时，小小的种子就会在新的环境中发芽、生长了。

5. 稀有的分泌奶汁的树

在摩洛哥西部的平原上，有一种会给"子女"喂奶的树，这位"慈母"高3米多，全身赤褐色，叶片长而厚实，花球洁白而美丽。每当花球凋零时，会结出一个椭圆形的奶苞，在苞头的尖端生长出一种像椰条那种形状的奶管。奶苞成熟后，奶管里便会滴出黄褐色的"奶汁"来。

奶树的繁殖，不是用种子，而是从树根上萌生出小奶树。因此，在大树的周围，有许多丛生着的幼树，大树的奶汁滴在这些小树的狭长的叶面上，小树就靠"吮吸"大树的奶汁生长发育。

当小奶树长大后，大奶树就自然从根部发生裂变，给小奶树"断奶"，并脱离小奶树。这时，大奶树分离部分的树冠也随即开始凋萎，让小奶树接受阳光和雨露。

奶树是世界珍稀树种之一，由于它自身的繁殖力薄弱，在摩洛哥已面临绝灭的危机。现在，科学家正在研究保护奶树和育种繁殖奶树的办法。

摩洛哥奶树分泌的奶液不能食用，可是南美地区还有一种奶树流出的汁液，却是一种富含营养的饮料，可与最好的牛奶媲美。当地居民常把它栽在村庄附近，用小刀在它身上划开一条口子，它就会流出清香可口的"牛奶"来。

同时，在巴西的亚马逊河流域，生长着一种被植物学家称作"加洛弗拉"的树。它的表皮平滑，只要用刀在树干上切个小口子，里面就会流出一种颜色和状态都像牛奶的汁液。所不同的是，这种乳白色的汁液有一股苦辣味，但加上水煮沸后，苦辣味就没有了。经化验，其化学成分同牛奶相似，富有营养，是一种难得的高级饮料。当地人很爱喝这种"牛奶"，甚至用它来充饥，并称这种树为"牛奶树"或"奶头"。每株"牛奶树"一次可"挤"奶2~3千克，隔天之后，树汁又会流出。在委内瑞拉的森林里，也生长着一种产

"牛奶"的树，叫"加拉克托隆德"。它产的"牛奶"比"加洛弗拉"产的味道还要好，而且不需加工煮沸就能饮用。

此外，在希腊的吉姆斯森林地区，有一种当地叫"马德道其菜"（意即喂奶）的树。这种树高约3米，长有像萝卜缨一样的叶子，树身粗壮，凹凸不平，每隔几十厘米就有一个绿色的"奶苞"，会自己流出"奶汁"。这种"奶苞"在树根处更多。当地的牧羊人常将刚出生不久的羊羔放在那里，羊羔就会像吮吸母羊的奶一样，从"奶苞"上吮吸"奶汁"。据说，这种树上流出的"奶汁"，营养不亚于羊奶。

6. 独木成林的大榕树

俗话说，独木不成林，但神奇的大自然却为我们创造了"独木成林"的榕树。

榕树为常绿阔叶大乔木，在植物分类上属桑科榕属，这是一个庞大的家族，全世界约有900多种，我国有120多种。其原产于印度、马来西亚等热带地区，多在我国华南地区分布。它的奇特之处，就在于它的枝干上生有许多不定的气生根，能吸收空气中的水分和营养。它们像悬在空中的飘带，随风起舞，一旦接触到地面，便扎进土里，又生成新的根系，上挂下连，逐步长成新的树干；原来的树枝因为得到大量的气生根可以从土壤中吸收的养分，生长得越发茂盛，向四周不断伸展，同时又长出更多的新的气生根。由此一棵榕树不断扩大，最后竟长成一片丛林。

榕树是最受人喜爱的风景树之一，其树冠之大，每每让人惊讶不已，叹为观止。在孟加拉的热带雨林中有一棵特大的榕树，是世界上树冠最大的植物，从它的树枝上向下生长的垂挂气生根多达4000多条，它们落地入土后就会成为支柱根，这样一来，柱根相连、柱枝相托，繁茂的枝叶不断向外扩展，形成树冠奇大、独木成林的自然奇观。据说那奇大的树冠投影面积竟超过1万平方米，曾容纳一支几千人的军队在此乘凉。

榕树除了有庞大的树冠、离奇的气根之外，树体上还寄生和附生着许多其他植物，有苔藓、兰草、石斛、藤蔓等，它们的枝条从大榕树的顶梢像头发一般披散下来，又钻入土中。有的寄生植物盘结在大榕树的主干上，一簇簇的热带兰花生在大榕树的枝杈里，散发着阵阵幽香，仿佛是一座"空中花园"。花园自然招来了喜鹊、黑鹤、黄莺、麻雀等无数小鸟，成为鸟类的乐园。

还有更绝的呢。在我国广东省新会县的天马河中，有一座被称为"新会八景"之一的小岛——小鸟天堂。远远望去，岛上一片浓绿。当乘船驶近时，眼前是一片由上百棵树组成的密林。可你一旦登上小岛进入"密林"，就会惊奇地发现"林"中树木的树干和枝丫彼此相连、一脉相通。原来，这座占地1公顷的岛上只有一棵气势磅礴、浓荫蔽日的特大榕树，那些所谓的树干其实都是这棵榕树上垂下的气生支柱根。这棵榕树巨大的树冠和浓密的枝叶，给各种鸟类提供了栖息繁衍的乐土，"小鸟天堂"因此得名。

我国最粗的树也是一棵榕树，它就是生长在云南省保山市坝湾乡丙闷村路边，树龄已有700多年的一株高山榕。树高28米，胸径907厘米，相当于一辆两节通道式公共汽车那么长。巨大的树冠覆盖面积1677平方米，浓荫蔽日，它的胸径超过了我国台湾省被称为"亚洲树王"的阿里山神木——红桧，仅次于美国被称为"格兰特将军"的红杉古树，称得上是"亚洲第一巨木"。此树现已列入云南省级名木古树，并受到重点保护。

榕树的生命力极强。1980年7月，广西防城壮族自治县东兴镇有株百岁老榕树被台风刮倒，在这之后的半年多的时间里，附近的群众将它庞大的树干砍下3500多千克当柴烧了，20多米高的树干只剩下三分之一。可是第二年春天，这棵榕树又重新站起来了，抽枝发芽，重现生机，其生命力真是令人惊叹。

八、绚丽多彩的海洋植物

海洋是一个人类尚未全面了解和缺乏深度认知的神秘世界。那里不仅有着很多奇形怪状、智力惊人的海洋动物，而且还有着很多生长茂密、绚烂多彩的海洋植物。经过人类的不断开发，有很多海洋植物已成为我们重要的食物来源，还有很多海洋植物为人类的科技进步发挥着重要作用。随着未来社会的发展，相信会有更多的海洋植物会为人类文明做出更大的贡献。

1. 美丽的"水下森林"

在人们的意识里，只有陆地上有参天大树、莽莽森林；而广阔的海洋，水天茫茫，一望无际，是见不到一棵树的。但让人意想不到的是，海面下边也有"森林"，而且组成这"水下森林"的"树种"，竟然是海洋里的一种植物，叫作"巨藻"。

海洋里有上万种植物，其中大部分是藻类。藻类是个大家族，有在海水中漂游、四海为家的"浮游藻"，也有附着在海底生长的"底栖藻"。底栖藻里最大的一种就是巨藻，它虽然不能像高等植物那样分出根、茎、叶来，却长得十分高大，长度能超过 100 米，即便是陆地上最高的大树也赶不上它。在靠近陆地的浅海里，一株株、一片片的巨藻，组成了绵延不断的水中"林带"。

和陆地上的森林一样，巨藻林也是动物的乐园，许多鱼儿在巨藻林里安家落户，它们又引来了以鱼类为食的海獭、海豹等其他海洋动物，就连海鸟也把这里当成自己的"食品仓库"，翻飞于海藻林的上空。

巨藻林中生活着种类繁多的海洋动物，可以说是个海洋生物资源宝库。巨藻本身也有重要的利用价值。过去人们主要从巨藻中获取钾，现在又从巨藻中提取出的一种叫作藻朊胶液的物质，已被广泛应用于医药、化工等许多领域。

2. 层林尽染的红树林

红树林是生长在热带、亚热带海岸及河口潮间带特有的森林植被。但它是只能生长在海水中的森林，它们的根系十分发达，盘根错节地屹立于滩涂之中。它们具有革质的绿叶，油光闪亮。它们与荷花一样，出污泥而不染。涨潮时，它们被海水淹没，或者仅仅露出绿色的树冠，仿佛在海面上撑起一片绿伞；潮水退去，则成为一片郁郁葱葱的森林。

红树林海岸主要分布于热带地区。南美洲东西海岸及西印度群岛、非洲西海岸是西半球生长红树林的主要地带。在东方，以印尼的苏门答腊和马来半岛西海岸为中心分布区。沿孟加拉湾、印度、斯里兰卡、阿拉伯半岛至非洲东部沿海，都是红树林生长的地方。澳大利亚沿岸红树林分布也较广。印尼、菲律宾、中印半岛至我国广东、海南、台湾、福建沿海也都可以找到它的踪影。而且由于黑潮暖流的影响，红树林海岸可以一直分布至日本九州。

我国的红树林海岸以海南省发育最好，种类多，面积广。红树植物有10余种，有灌木也有乔木。因其树皮及木材呈红褐色，因而称为红树、红树林。红树的叶子不是红色，而是绿色。枝繁叶茂的红树林在海岸形成的是一道绿色屏障。

在沿海的潮滩上，很少有植物可以立足，唯有红树林可以在这

里安家落户，起到抗风防浪的作用，形成独特的红树林海岸。

红树具有高渗透压的生理特征。由于渗透压高，红树能从沼泽性盐渍土中吸取水分及养料，这是红树植物能在潮滩盐土中扎根生长的重要条件。红树的根系分为支柱根、板状根和呼吸根。一棵红树的支柱根可有 30 余条。这些支柱根像支撑物体最稳定的三脚架结构一样，从不同方向支撑着主干，使得红树风吹不倒，浪打不倒。这样的红树林，对维护海岸稳定起着重要的作用。例如，1960 年发生在美国佛罗里达的特大风暴，使得沿岸的红树毁坏几千棵，但是连根拔掉的很少。主要的毁坏是刮断或因旋风作用把树皮剥开。

红树植物为了适应这种缺氧环境，呼吸根极为发达。呼吸根有棒状也有膝曲状的。有的纤细，直径仅有 0.5 厘米；有的粗壮，直径达 10~20 厘米。红树植物板状根是由呼吸根发展而来的。板状根对红树植物的呼吸及支撑都有利。红树植物根系的特异功能，使得它在涨潮被水淹没时也能生长。红树植物以如此复杂而又严密的结构与其生长的环境相适应，使人惊叹不已。

最有趣的是红树植物繁殖的"胎生"现象。红树植物的种子成熟后在母树上萌发。幼苗成熟后，由于重力作用使幼苗离开母树下落，插入泥土中。这种"胎生"现象在植物界是很少见的。更令人们惊奇的是，幼苗落入泥中，几个钟头就可在淤泥中扎根生长。从母树落下的幼苗即使平卧于土上，也能长出根，扎入土中。当幼苗落至水中时，它们随海流漂泊。有时在海水中漂泊几个月，甚至长达一年也不能找到它们生长所需的土壤。然而，一旦遇到条件适宜的土壤它们就立即扎根生长。

红树生长在水中，是一种不怕涝的植物，而且它革质的叶子能反光，叶面的气孔下陷，有绒毛，在高温下能减少蒸发，因此具有耐旱性。它叶片上的排盐腺可排除海水中的盐分。除了"胎生"以外，红树植物还具有无性繁殖即萌蘖能力。在它们被砍伐后，很快在基茎上又萌发出新的植株。

因此，这些沿海防浪战士们永远守卫着海疆防线。

3. 行踪不定的马尾藻

在北大西洋环流中心的美国东部海区，有一片马尾藻海约有2000海里长、1000海里宽，如果把北大西洋环流比喻成车轮，那么马尾藻海就是这个车轮上的轮毂。

1492年9月16日，当哥伦布的探险船队行驶在一望无际的大西洋上时，忽然，船上的人们看到在前方有一片绵延数千米的绿色的"草原"。哥伦布欣喜若狂，以为印度就在眼前。于是，他们开足马力驶向那片"草原"。当哥伦布一行人驶近"草原"时，大失所望，因为那"草原"只是一望无际的海藻而已。

马尾藻海素有"海上坟地"和"魔海"之称。这是因为许多经过这里的船只，不小心就会被这些海藻缠绕，而且无法脱身，致使船上的船员因没有食品和淡水，又得不到救助，最后饥饿而死。那么为什么会出现这种情况呢？

马尾藻海一年四季风平浪静，海流微弱，各个水层之间的海水几乎不发生混合，所以这里的浅水层的营养物质更新速度极慢，因而靠此为生的浮游生物也是少之又少，只有其他海区的1/3。这样一来，那些以浮游生物为食的大型鱼类和海兽几乎绝迹，即使有，也同其他海区的外形、颜色不同。相反，这里却成为马尾藻的"天堂"，上百万吨的马尾藻在这里肆意地生长，形成了一片辽阔的"海上大草原"。

马尾藻海除了蔚为壮观的"海上草原"之外，还有许许多多令人费解的自然现象。马尾藻海位于大西洋中部，形状如同一座透镜状的液体小山。强大的北大西洋环流像一堵旋转的坚固墙壁，把马尾藻海从浩瀚的大西洋中隔离出来。这样，由于受海流和风的作用，较轻的海水向海区中部堆积，因此马尾藻海中部的海平面要比美国大西洋沿岸的海平面平均高出1米。

那么马尾藻海究竟是怎样形成的呢？如果把大西洋比作一个硕

大无比的盆子，北大西洋环流就在这盆中作圆形运动。但马尾藻海非常安静，所以许多分散的悬浮物都聚集在这里，海上草原就是这样形成的。马尾藻海里的马尾藻究竟是怎么来的，人们还没有找到一个肯定的答案。有的海洋学家认为，这些马尾藻类是从其他海域漂浮过来的。有的则认为，这些马尾藻类原来生长在这一海域的海底，后来在海浪作用下，漂浮出海面。

最令人称奇的是，这里的马尾藻并不是原地不动，而是像长了腿似的时隐时现，漂泊不停。一些来往于这一海区的科学家经常会遇到这样的怪事：他们有时会见到一大片绿色的马尾藻，然而过了一段时间，却不见它们的踪影。在这片既无风浪又无海流的海区，究竟是何种原因使这片海上的大草原漂泊不定呢？这仍需科学家做进一步研究。

九、神奇万千的微生物群体

在广阔无垠的地球大地上，不仅生活着我们人类和各种可爱的动物，还生存着一些千奇百怪的微生物。甚至在一滴水珠里面，都能发现微生物的身影。而且最为神奇的是，微生物还有着许许多多特异之处，带磁性的微生物、耐高温的微生物、帮人类采矿的微生物、可用来提炼铀的微生物，以及可以用来制造石油的微生物。这些微生物的种种神奇之处，远远超出了人们的想象，所以，认识微生物、了解微生物、利用微生物，是一项重要课题。

1. 列文虎克发现细菌

一个偶然的机会成就了列文虎克，让他发现了细菌，尽管当时人们还不知道那种小生物就是细菌。

有一天，天空下起了瓢泼大雨。列文虎克的脑中突然产生了一个念头，这晶莹剔透的雨珠中会有什么东西呢？于是，他从屋檐下接回一些雨水，然后将一滴小雨珠放在他制作的透镜下仔细观察。看着看着，列文虎克突然惊喜地高声喊起来，在小透镜下的水滴中，竟有许多"小精灵"在不停地游动。他禁不住说道："它们多么微小啊！小得简直不像真实的东西，只有跳蚤眼睛的千分之一。但是它们确实在像陀螺一样转圈子啊……"

英国皇家学会的一位通讯会员格拉夫先生也住在德尔夫特市。列文虎克在小透镜下看到的雨珠中的"小精灵"的事情，引起了格拉夫先生的关注。为此，格拉夫写了一封信给英国皇家学会。信中写道："请允许列文虎克先生报告他的发现：在显微镜下观察的标本，有关皮肉的构造、蜜蜂的刺及其他。"

英国皇家学会也对列文虎克的发现产生了兴趣，但也有很多会员怀疑他是否真的看到了什么。于是，1677 年 11 月 15 日，他们请列文虎克带着他的显微镜到学会来，演示他的发现。皇家学会的会员们按照顺序，一一走到显微镜前，仔细观察镜下的水滴。当他们也从镜下看到那些游动的"小精灵"时，大家都赞叹不已："列文虎克简直就是一个魔术师！"

此后，微生物领域里便多了"细菌"这个名词，而列文虎克则紧紧地与之联系在一起了。

2. 细菌带有磁性之谜

1975 年，布莱克摩尔博士在实验中发现了一个怪现象，当他在显微镜下观察含有微生物的水滴时，发现有些细菌很快地向显微镜靠北的一边移动。布莱克摩尔博士以为是实验靠北面的窗子射入了更多的光线，诱使这些小东西朝北游动。于是，他换了一个位置，观测到的现象却与先前一样。他又试验了其他几种有可能影响细菌游动方向的因素，细菌并不受这些因素的影响仍旧向北边游动。

到底是什么力量促使这些细菌总是向北游动呢？布莱克摩尔想到鸽子能够依靠地球磁场来为自己导航的现象，他从中得到启示，是否是磁场影响了这些细菌的游动方向呢？他决定用磁铁试一试。当他在显微镜附近放一块磁铁再观察时，布莱克摩尔博士看到了更为奇妙的现象——细菌朝磁铁的北极方向游去。原来这些细菌具有磁性，在地球磁场的作用下它们总是朝北方运动，因此它们的运动是有定向性的。

科学家们在发现这种细菌后又想了很多问题，这些细菌感知磁场方向的能力从何而来？为什么它们总是朝北移动？他们经过反复试验，终于揭开磁性细菌的部分奥秘。原来这些细菌体中有一块很小很小的 Fe_3O_4（天然磁铁矿的成分）的单畴颗粒。在地球磁场中小磁石的两端像指南针似的指向南北两极，因此细菌的"身体"也随着这种取向做定向移动。

既然有朝北游动的细菌，那么有没有朝南游动的细菌呢？科学家们经过不懈的努力，终于在地球的南半球找到了向南移动的细菌。原来，细菌的运动具有对称性，南半球的细菌大多数朝南运动，北半球的细菌大多数是朝北运动，赤道附近的细菌向两个方向运动的数目大体相等。由于地球磁场是倾斜的，这些细菌的运动实际上也不是正南正北的。朝南运动的细菌在北半球向南向上运动，而在南半球则向南向下运动；朝北运动的细菌，在北半球向北向下运动，在南半球则向北向上运动。如果再给这些细菌加上一个脉冲磁场，这些细菌就可以逆向运动了。

许多研究者对这些古怪的小东西、这种古怪的运动产生了兴趣。但迄今人们还没有真正地深入认识它们的运动原因。磁性细菌的发现明确地指出生物和生物运动受地球磁场的影响，有可能某些"磁疗"的奇特效果就是基于这种原理呢！

3. 能耐高温的细菌

我们经常采用高温消毒的方法，是因为高温一般能够杀死细菌。不过，这种方法对一般的细菌来说可能有效，但对那些能耐高温的细菌就不起作用了，因为它们能够在沸水中生活。

细菌忍耐的温度极限有多高，人们一直有不同的看法。人们曾在90℃的温泉水中发现过细菌，而比其温度更高些的水中则未发现过任何的微生物。因而大多数专家认为，细菌的耐高温极限是90℃。绝大多数微生物在90℃以下就纷纷丧命，所以将水煮沸来杀菌一般来说还是管用的。

然而，与此同时，人们也在想，难道世界上的生命活动就不能超越90℃的极限了吗？后来的科学发现回答了这个问题。

1983年，在美国的加利福尼亚海湾入口的海底温泉中发现了一种高温细菌。发现这种新细菌的两位生物学家测得该处的水温是250℃，他们顿时被在如此高的温度中仍存在有生命力的细菌惊呆了。

人们都知道，水在常压下100℃时就要沸腾，变为蒸汽，这些来自海底火山的温泉处于2600米的大洋底部，压力高达265个大气压，所以形成了很奇特的高温水。

为了对这些高温细菌进行研究，科学家们采用特殊方法人工培育这些细菌。他们用金属钛制成可耐高温高压的全套设备，并在设备中营造了海底环境。科学家们对高温细菌进行了深入的化验分析，结果发现这类细菌的DNA构造十分异常，但从理论上说这种构造也只能使细菌在不超过120℃的水中生存。所以，可以断言高温细菌必定还有其他不为人知的特异之处。

科学家们经过不断的探索又发现了这类高温细菌的蛋白质分子中存在着某些特殊类型的氨基酸，而这些氨基酸此前从未在其他任何生物机体中发现过。这类氨基酸中有多余的稳定化学键，使蛋白质具有极高的强度。

另外，在其脂类化合物的结构上，也发现了分枝形化学键，使细菌可以经受住高温分子的猛烈撞击。

除此之外，科学家们认为，高温细菌对环境的适应一定是多方面的，在生物、化学方面必定也存在一些适应因素。后来发现硫元素在这类细菌的新陈代谢中起着主要作用。

高温细菌的发现在科学界引起了轰动，促使专家们必须重新考虑一些生物学方面的问题。如生命的起源问题，也许并不像专家们过去认为的那样，地球上的生命是在地球冷却之后出现的。

传统观点认为温度高过一二百度是不会再出现生命的。如今，这些观点似乎都需要进行修正。

4. 细菌也能用来采矿

细菌虽然是一种体积很小的微生物，但我们可别小瞧了细菌家族，这个家族的成员的本事可不小，有的甚至可以用来帮助人们采矿呢。

细菌的这个本领早在 1945 年就被美国微物学家克劳德·佐贝尔发现了。他在实验中发现，许多细菌在新陈代谢时能产生二氧化碳、各种表面活性剂和多糖，这些物质能降低石油的黏性，从而使黏稠的石油变得容易流动。

20 世纪 80 年代末，许多国家由于油井内的压力不足，油采不上来，结果石油大量减产，如美、英等国每天产油量比 80 年代初减少了 50 万桶。这与自来水的压力小，高层楼房的水龙头不出水的道理相同。结果，约有 3400 亿桶石油留在了井下，这些石油用传统的采油方法已无法开采出来，而这些残留在井下的石油相当于当时美国已探明石油储量的 2/3。

如此多的石油留在井下，实在让人们心有不甘！美国能源部更是心急如焚，为了鼓励人们想出办法把这些老油井的油开采出来，他们投入了大笔的资金。

科学家们也进行了研究，其中石油专家迪安·威尔斯等人在深入细致地分析和研究残存在老油井中的石油后提出，残存在老油井中的石油之所以开采不出来，主要是因为石油是一种流动性较差的黏稠的黑油。它们较多地储藏在地层的一些小缝隙中，很不容易向外流动，所以开采起来就比较困难。

这时，威尔斯想起了佐贝尔的一项重要发现，即细菌产生的二氧化碳气体能降低石油的黏性。顿时，威尔斯对解决这个难题的信

心倍增。

佐贝尔的发现给了威尔斯很大的启发，他决定利用细菌来开采石油。威尔斯很快便把这个想法付诸实践了，他于 1990 年 2 月在得克萨斯州借助细菌创造了一个奇迹：在得州有一个即将枯竭的老油井，他将经过特殊繁殖的细菌和一些废糖浆灌进了这座已开采了几十年的 600 米深的旧油井中，然后将井口封住。几天后，这个油井又开始焕发出勃勃生机，它的产油量由原来每天 2 桶增加到每天 7 桶。

究竟是什么使这口老油井有如此巨大的变化呢？答案就是那些毫不起眼的细菌。原来，那些小得无孔不入的细菌在这项开采中，担任了一个极其重要的角色，它们在进入了那些不易流动、"藏"在地层里的石油中以后，就在那些石油里开始繁殖、发酵和扩散。这些细菌就像一家生产活性剂的地下工厂，很快就使石油的黏度大幅度降低，增加了它的流动性，从而使油井下的压力增加了，这样就促使石油从缝隙里顺利地流了出来。

不仅美国，其他国家也很快发现了细菌的巨大作用。英国伦敦北部的一家叫做"生命力量"的公司也于同年 9 月进行了类似的实验，他们用一条管子顺着输入油井的流水把细菌送到井下，然后再送入控制剂量的适当食物来促进细菌的生长繁殖，这样做不仅使井下有毒的废物在这些不断繁殖的细菌的作用下得到了清除，也使地下油层中的许多石油被挤了出来。

如此看来，只要人们有效地利用"采矿"细菌，就能使这些小不点成为人类的好帮手。

5. 可用来提炼铀的浮游生物

目前，全世界对铀的需求量随着核能发电的蓬勃发展而迅猛增长，核电站对铀的需求量很大，这使得原本储藏量就极为有限的铀矿越来越珍贵起来。为了解决这个问题，科学家们开始寻找铀的新来源，很自然，铀蕴藏量巨大的海洋引起了人们的注意。

海洋里的铀矿分布情况与陆地上集中分布的情况不同，海洋中的铀是溶解在海水里的。虽然海洋中有45亿吨铀，然而海水中铀的含量却是很低的，每1000吨海水中仅含3克铀。因此，如何把铀从海水中提炼出来就成了一个非常重要的问题。

为此，科学家们展开了研究，开始时多数人认为可以研制一种机械装置，这种装置可以将铀直接从海水中提炼出来，甚至其中的一些人还将这种想法付诸实践，但这些努力最终都没有成功。

后来，人们开始把注意力转移到微生物上，一个德国科学家发现了一种用肉眼不能看见的海洋浮游生物。这种浮游生物能吸收铀。当海水中的铀被这种微生物吸收后，铀便与其体内的天然糖、蛋白质相结合，从而其体内铀的浓度比海水中铀的浓度高出10000倍。科学家们在进一步观察中发现：这些浮游生物死后的尸体慢慢沉入海底。

经过一段时间后，这种尸体便堆积成软软的海底沉积物，这些沉积物中含有大量的铀。

目前，科学家们在黑海的海底就发现了这样一个大铀矿。

然而，这些铀矿目前还不能开采出来，因为这类铀矿在海洋中沉积得很深，而且很多都聚集在海底，以目前的开采技术，开采这些铀矿还十分困难。

为此，人们开始研究利用这样一种方法来开采铀矿：将这种浮游生物体内那些可以与铀结合的糖分离出来，再通过人工的方法合成，这样就可以像鱼的饲料一样，把它投入海水中，等它与足够多的铀矿结合后，再用化学方法从中提炼铀。

这种方法很快被人们付诸实践，并且取得了初步的成功。目前，这一技术正处于进一步完善的阶段，等到这种技术推广之后，必将给人们开采铀矿带来极大的方便。

6. 有益微生物群的神奇作用

地球上动植物的种类繁多，其数量也是相当庞大的。每天都会有无数的生物完成生命的历程，如果这些生物的尸体堆积下来，将会给人们的生活带来极大的不便，幸好有微生物这一神奇的"搬运工"为人们解决了这个难题。

这些生活在土壤中的微生物，在自然界的生物链中扮演着至关重要、不可替代的角色。它们能将遗留在土壤里的各种动植物尸体分解掉，这是土壤中微生物的最大贡献。地球上数亿年前就有生命存在，在这一漫长的历史中，死去的动物和植物不计其数。这就需要微生物将它们的尸体加以分解，然后，再将这些分解物运回到土壤中去供给新生命。如果没有微生物，结果是无法想象的，整个地球将到处都是动植物的尸体，这种景象实在是惨不忍睹。

之所以地球上不是这种境况，关键是土壤中的微生物不声不响地扮演了一个"清道夫"的角色。这是微生物对地球的一个巨大贡献。当然，有益微生物群的神奇作用还不仅仅是这些，后来，人们又发现了它们其他一些更神奇的作用。最早真正开始研究微生物神奇功能的是日本的农学博士比嘉教授。

1977年，比嘉教授被派往中东，在那里，他的主要工作是指导生活在沙漠地带的居民种植蔬菜水果。当地的西瓜由于受到一种无法防治的病害的袭击而大片的倒伏。那些被清理出来的西瓜病株被比嘉教授倒在厨房的排水沟里了。有一天，比嘉教授突然发现，一些新的根系从倒在水沟里的那些受到病害侵袭的西瓜植株上长了出来，这引起了他的注意。

他想，以前那么多种农药都对这些病害没有效果，没想到现在这西瓜植株反倒不生病了。究竟是什么原因使这些西瓜植株重新焕发生机呢？他推测这与水沟里的某种微生物有关。从此以后他开始对微生物进行深入研究。

然而，令他失望的是，起先五年的研究并没有给他带来什么新的发现，他几乎已经准备放弃这项研究了。就在这个时候，比嘉教授无意中发现，在他倒弃废液的土地上有一片草长了出来，而且还长得格外旺盛。他又开始对这片草进行研究，经过反复的试验和深入地分析研究，他终于发现有几种微生物对植物生长影响很大，而且他很快就意识到这个发现其义的不同寻常了。

1986 年，他将自己的研究成果写成了论文，并于 1993 年写了一本叫作《拯救地球的大变革》的书。在这本书中他具体地阐述了如何将 5 科 10 属共 80 多种微生物培养成一种菌液，EM 技术便是这种技术的英文简称。将这些有益的微生物组合在一起，不仅对抑制有害细菌的繁殖有效果，对生物的生长发育过程也有促进作用。这对于从根本上治理环境污染、改善地球生态系统，有不可忽视的作用。

这种细菌液的功效非常神奇，它可以使土壤中那些因长期施用化肥、农药而被伤害的微生物复苏，以此来改变土壤的质量，从而使植物恢复生机。

不仅如此，EM 细菌液还有一些别的作用，例如，如果将少许 EM 粉放入厨房的垃圾袋里，封口后避光保存，冬季 10 ~ 15 天，夏季 3 ~ 4 天，这些垃圾就能够发酵成为无臭堆肥。此外用 EM 处理生活污水，还能使水质得到净化。

由于 EM 细菌液具有如此神奇的功效，使得 EM 生物技术被世界各国广泛应用。应用这种技术的国家从中受益不少，如日本宫崎市等 5 个城市于 1993 年采用 EM 生物技术，使这 5 个城市生活垃圾的排放量减少了 20 万吨。这种技术还曾被用于处理日本千叶县一个被粪便污染的湖泊，使得湖水得到了净化。从那以后，世界上有越来越多的国家计划采用 EM 技术来治理河流的污染。

所以，土壤中的微生物在地球生态系统中有极其重要的作用，没有它们，后果是无法想象的。

7. 青霉素的发现与作用

青霉素是现代医学中一种常见的抗生素，它的发现及应用对人类的健康有着非常重要的作用，其应用也是十分广泛的。那么，青霉素是怎样被发现的呢？

英国细菌学家弗莱明是青霉素的发现者，他是在一个偶然的机会中发现青霉素的。1928 年夏季的一天，他像往常一样，在伦敦大学圣玛丽医学院的实验室里，研究有关机体中防御因子（特别是白细胞）抵抗葡萄球菌等致病因子的作用机理。为了研究葡萄球菌，他全身心地投入到实验中去，仔细观察这些细菌在培养过程中所发生的变化，研究影响这些变化的条件。然而每次都会有外来微生物捣乱，每当他将培养皿的盖子打开，取出里面的细菌，放在玻璃片上，准备拿到显微镜下观察时，那些飘浮在空气中的霉菌或细菌，总会"乘机"飘落到培养皿里。这些外来的微生物甚至还在培养皿中繁殖，这使得弗莱明的实验无法进行。对此，弗莱明真是伤透了脑筋。

然而有一天，弗莱明却在无意中从这些"不速之客"中找到了他多年来一直寻求的抗菌物质。那天，当他正准备用显微镜观察从培养皿中取出的葡萄球菌时，他发现在原来长了很多金黄色葡萄球菌菌落的培养皿里，长出了一种来自空气中的青绿色的霉菌菌落，而且这些物质已经开始繁殖。更使他惊讶的是，在这个青绿色菌落的周围，原来培植的葡萄球菌菌落竟然全被溶解了，而离得较远的葡萄球菌则依然生长着。弗莱明推测，这个青绿色的霉菌可能会分泌一种能够使葡萄球菌裂解的自然抗菌物质，而这种物质可能正是他多年来寻求的。

自此，弗莱明开始把注意力放在这种青绿色的霉菌上。他把这个偶然发现的奇特现象详细地记录了下来，同时他还异常小心地把这些青绿色的霉菌从培养皿中分离出来，把它培养在液体培养基中，使其迅速繁殖。

在观察中弗莱明发现，这种青绿色的霉菌能分泌出一种极强的杀菌物质，这种物质还可以扩散，正是这种物质消灭了生长在它周围的葡萄球菌。他把这种青绿色的霉菌称为青霉菌。弗莱明从实验中观察到，即使葡萄球菌布满了培养皿整个平面，青霉菌周围仍旧没有任何细菌生长。这表明青霉菌能阻止细菌的蔓延，并且把它们消灭。

随后，弗莱明又研究如何将这种青霉菌的分泌物提取出来。他立即动手进行了实验，第一步，他把青霉菌接种到肉汤培养液中，让其迅速地繁殖。第二步，他把长满青霉菌的液体异常小心地进行过滤，得到一小瓶澄清的滤液。随后，他将这种滤液滴进已经长满了葡萄球菌的培养皿里。只用了几个小时，这种滤液就将原来长势旺盛的葡萄球菌全部消灭了。

然而，这还不能让弗莱明满足，他又开始研究这种霉菌对其他致病因子的作用。他在以前研究溶菌酶过程中建立起来的测定技术的基础上，将这种滤液用水稀释后重新做实验，他对这种培养液对各种致病菌的抑制性状进行鉴定。一系列的试验表明 1∶1000 浓度的培养液仍然能抑制葡萄菌的生长。而当时应用最为广泛的消毒剂苯酚在 1∶300 的浓度时就失去了抑菌功效。此外，弗莱明还以十分凶恶的链球菌作为测试的对象，结果他发现，1∶100 的培养液就能杀死它们。由于产生这种物质的是青霉菌，所以，弗莱明称这种物质为青霉素，这就是青霉素的发现过程。

虽然青霉素很早就被发现了，但隔了相当长的时间才被运用到医学上，这是因为提炼医用青霉素的过程相当复杂，要经过青霉素的培养、滤液的浓缩、提炼和烘干等一系列过程，弗莱明自己是无法单独完成的。因此，为了将培养液中的青霉素提取出来，他邀请了一些生物化学家合作。但是最后所有的试验都以失败告终，这是因为青霉素是一种很不稳定的化学物质，这种物质在一般的溶媒中很快会遭到破坏，因此他也一直没有获得过青霉素的提取物。

但是，这些并不能使弗莱明的决心动摇，因为他坚信，青霉素的应用前景是光明的。十多年以来，他一直在自己的实验室里耐心

地、默默地将这个青霉素菌株一代一代的培育下去。功夫不负有心人，最后他终于取得了骄人的成绩。

1939 年，弗莱明关于青霉素的论文引起了澳大利亚病理学家弗洛里的注意，他向弗莱明索取这种物质作进一步的研究。弗洛里和当时侨居在英国的德国生物化学家钱恩，在几位科学家的协助下，克服了种种困难，最终于在 1941 年，从青霉素滤液中将青霉素的粉末提炼了出来。经试验，即使把这种棕黄色的粉末稀释到二百万分之一，也足以使病菌丧生，这种青霉素粉末具有前所未有的巨大杀伤力。

青霉素第一次真正用在临床医学上是在 1941 年，它被用在一位被葡萄球菌感染的病人身上，效果良好。自此，青霉素的显著疗效得到了医药界的承认并开始广泛地普及开来。

8. 揭开病菌的秘密

病菌对于我们现代人来说并不是很陌生的，但目前我们还不能说已完全揭开了病菌的秘密，因为毕竟它在世界上已存在了 7 亿年，而人类认识它的历史却只有 100 多年。

人类是在 1865 年以后才开始认识病菌的，那年欧洲正蔓延着一种蚕病。健康的蚕宝宝在感染这种病之后，不出一夜就会大批地死亡。这种神秘的疾病也侵袭了法国阿莱省的蚕种，这使得许多靠养蚕为生的法国农民心急如焚，于是他们联名给巴黎高等师范学校微生物学家、化学家巴斯德教授写信。他们希望巴斯德能研究出治疗这种蚕病的方法。

巴斯德为了研究这种疾病，来到了蚕区。他每天废寝忘食地工作，希望可以解开这种怪病的奥秘，经过数日通宵达旦的工作，他终于揭开了病菌的秘密。

巴斯德把病蚕和被病蚕吃过的桑叶放在显微镜下仔细观察，最后他发现了在病蚕和桑叶上都存在一种椭圆形的微粒，这就是病原！他还发现这些微粒是活的，并能很快地繁殖后代。蚕就是在吃了这种含病原的桑叶后才得病死去的。这种微生物正是使蚕宝宝大批死亡的罪魁祸首。巴斯德发现了致病的微生物，人们称其为"病菌"，这也是人类首次发现致病微生物。

　　虽然病菌被人们发现了，但这种病菌是如何传染的对人们来说还是个谜。于是巴斯德把病蚕带回了巴黎实验室，并对它们进行了深入的研究。1867 年，他终于找到了答案：蚕病病菌是通过有病的蚕卵一代又一代地遗传下去的。所以只要消灭有病的蚕卵，就可以培养出健康的蚕群。于是，巴斯德将产完卵的雌蛾钉死，并加水把它磨成糨糊，放在显微镜下观察。如果发现成糨糊状的雌蛾体内有病菌存在，他就把它产的卵烧掉；没有发现病菌，就把它产的卵留下，就这样用没有病菌的蚕卵繁殖后代，蚕病就不会传染。

　　两年后，巴斯德首创的这种检种方法被法国养蚕的人们广泛采用。他的伟大发现和制止病菌的理论，解决了蚕丝业的危机，拯救了法国的工业，也繁荣了法国的经济。

　　巴斯德的伟大发现也为全世界人们所称道，英国科学家赫胥黎曾在伦敦皇家学会公开演讲时对巴斯德推崇备至。他说，1871 年，法国欠德国 50 万法郎战债，但这并不是什么了不起的损失，因为巴斯德一个人的发明就能够抵偿这 50 万法郎。

9. 寻找可以用来制造石油的细菌

　　石油的产生过程极其复杂，埋藏在地下的各种各样微小生物在地层内的高温高压以及细菌的分解作用下，历经几千万甚至几亿年才形成了现在的石油。

科学家们在对石油的形成过程进行了细致而深入地分析研究后发现，石油的形成与细菌有着极其密切的关系。他们发现那些微小生物不仅自己本身能变成石油，而且许多细菌还在"加工"石油的过程中扮演了极为重要的角色。于是，科学家们就有了一个大胆的设想——利用细菌制造石油。他们将这个想法付诸实践，并对此进行了长时间的研究。

科学家们研究发现，不少微生物不仅能"吃"碳氢化合物，而且还会在体内"积存"碳氢化合物，而碳和氢则是组成石油的主要成分。例如，有一种叫作"分枝杆菌"的微生物，这种微生物能够产生一种类似于碳氢化合物的霉菌酸。

在霉的催化作用下，这些霉菌酸聚合到一起，形成了一种真正的菌造石油。

科学家们在这种微生物的启发下，开始利用微生物来制造石油。他们建造了一个人工湖，并有意把一种微生物"放养"到水里，而且还在水里溶解了足够的二氧化碳以供细菌食用。没过多久，这种微生物便成千上万倍地疯狂繁殖。科学家用过滤器将这些人工培养出来的微生物收集起来，送到专门的工厂去，从这些微生物里就可以炼出石油来。

用这种办法来炼油，十分方便简单，只要人们能给微生物提供充足的二氧化碳，两三天就能制造出石油来。而且这种供细菌造油的炼油厂和人工湖在哪儿都可以建造，无论什么气候条件这些微生物都能持续不断地生产石油。

十、古灵精怪的动物世界

　　动物，是地球大家庭中最活跃、最富有灵性的成员。很多动物，不仅智力发达、属性奇特，而且还具有人类所不及的特异功能。一些稀少的奇特动物更是成为了人类重点保护的对象和地球的贵宾。据统计，人类所发现的地球上现存的动物物种已超过100万种，而且肯定还有更多的新物种尚未被发现。但与此同时，地球上每年还有不少动物种群濒危险境，甚至已经消亡。因此，保护地球上所有动物，共享地球资源，已成为当今人类极为紧迫的生存战略。

1. 不怕高温的热水鱼

　　1936年的夏天，法国旅行家雷普在海上翻了船，被海浪卷到千岛群岛的伊都鲁普岛上。他肚子饿极了，但身边没有任何吃的东西，幸好炊具袋还在，真想找些食物来煮煮吃。

　　突然，他发现在附近的小河里，有几条肚子朝天的小鱼，他急忙把鱼捞起来，架起锅子来煮鱼汤。

　　煮了一会儿，他迫不及待地打开锅盖一看，他愣住了：死鱼变成活鱼啦，它们在锅里游来游去哩！

　　这时候，水的温度至少在50℃以上。死了的鱼怎么会在热水里变活呢？他怎么也想不出个道理来。

　　后来，人们揭开了这个谜。原来，这个岛是个火山岛，火山口变成了一个小湖泊，由于火山的活动，这个湖变成了热水湖，水温达到70℃，鱼儿已经适应这种水温。因此当这种在热水湖里习惯了的鱼到了冷的河水里，就被冻得昏过去了。

世界上不怕烫的鱼是很少的，除伊都鲁普岛上火山边湖里的鱼外，在前苏联贝加尔湖附近的一个47℃的温泉里，发现过一种热水鲫鱼；在美国加利福尼亚州的一个52℃的温泉里，发现过一种叫"鲁卡尼亚"的热水鱼。它们在温泉中生活得自由自在。

事实上，鱼的适应能力是逐渐形成的，无论温度高低，只要鱼习惯了就能生存。

2. 在空中自由飞翔的狗

看到这个题目，也许有人会提出疑问，狗也会飞吗？是的，世界上确实有会飞的狗，这不是科学幻想，而是活生生的事实。

会飞的狗和普通的狗十分相似：有着长长的脸，深棕色的大眼睛，长长的耳朵和经常保持湿润的鼻子。它的个子不大，身长14厘米，头几乎占全身的1/3。身上的毛又亮又软，但不太长，全身均为浅灰色。公狗与母狗的区别在于，前者头部的毛为鲜黄色。

然而，会飞的狗毕竟又不同于普通的狗。它喜欢用两只后肢（或者用一只后肢）抓住某一突出的物体，从而使头朝下，并使头与身体呈垂直状态。在动物园里，会飞的狗很少飞翔，但经常活动翅膀，其翼展开可达0.5米。会飞的狗是非常爱清洁的动物，它们经常长时间地去舔自己身上的毛；大小便时，总是头向上，用两只前肢的爪趾抓住某一物体。

会飞的狗有敏锐的听觉和嗅觉。它们只吃植物性食物，如许多热带植物的花蜜和果汁。它们把食物放在嘴里，仔细地反复咀嚼，用舌头挤出汁来，然后吐出残渣。当它们感到饥饿时，就会发出响亮的尖叫声。在动物园里，会飞狗同时还吃搓碎的胡萝卜、苹果、黄瓜、甜菜，它们特别喜欢吃芒果汁、鳄梨汁和番木瓜汁。在自然界中，会飞的狗有时会袭击果园，成为果园的大患。

科学家认为，这种似狗非狗的动物属于现代哺乳动物中最大的一个目——翼手目。按某些特征而言（例如它们的食物，以及一系列解剖学特征等），某些翼手目，其中包括会飞的狗，又可以划出一个大蝙蝠亚目。在非洲（从埃及北部到安哥拉南部）可见到会飞的埃及狗。在那里，这种动物十分平常，而在别的地方就较为罕见了。目前，只有在欧洲和美洲的9个动物园里饲养着它们的幼畜。

刚生下来的埃及小狗，眼睛和耳道尚半开半合，蹼上有皱纹，完全处于软弱无力的状态。小狗一生下来，就用爪趾抓住母亲的毛，挂在它的翅膀下面。到第三天，小狗就能张开眼睛、展开翅膀，变得和大狗一模一样，仿佛就是大狗的小型复制品。到第四天，小狗就能活动翅膀，这时，它们不再挂在母亲的翅膀下面了。两个星期以后，小狗便能独立生活。有时，它们离开母亲，倒挂在某一物体下面，测试一下自己的体力。埃及母狗对子女是十分关心的，当有危险时，它们让自己的孩子躲在翅膀里面，平时它们还仔细地把小狗的毛舔干净，这种卫生措施是十分必要的，这是因为在前5个星期，小狗只会头朝下倒挂着，它们不会像双亲那样大小便。在出生以后的头两个月，小狗一昼夜的大部分时间都处于睡眠状态，只有进食时才醒来，以便活动一下翅膀。令人惊奇的是，尽管它的住所十分宽敞，但小狗仅仅沿着窗框爬行，而从不飞起来。小狗满1个月后，身长为7.5厘米，头为4.2厘米，翼展开可达50厘米。同时，小狗长出几颗牙齿。被驯服的会飞的狗很喜欢与人接近。目前，对这种动物的考察研究还在继续进行。

3. 古灵精怪的赤狐

赤狐是最常见的狐狸。一直以来，赤狐都被视为诡诈、狡猾的象征，也是相当数量的民间传说中的主角。但事实上，赤狐并不像人们印象中的那么阴险、狡诈。赤狐具有长的针毛和柔软纤细的下层绒毛，通常体毛呈浓艳的红褐色，故得名赤狐。它的尾巴蓬松，尾梢呈白色，耳和腿为黑色，耳朵很尖，长相与犬相似。它们的肛部两侧各生有一腺囊，能施放奇特臭味。

如果猎人在设置陷阱时一旦被赤狐发现，它们就会悄悄地跟踪猎人，并在每一个陷阱处留下一股臭味。这股味道是一种特殊的警报。当同伴经过此地时，闻到这股臭味，就知道附近设有可怕的陷阱，从而避免同伴被害事故的发生。

面对强大敌人的追击时，一般的动物会没命地逃跑，而赤狐却会一边逃命，一边观察四周环境，一边想办法脱身。如果是在寒冷的冬季，赤狐一旦发现附近有结薄冰的小河，它们就会毫不犹豫地沿河道疾跑，然后突然一个急转弯，这样，后面的追赶者就会因来不及"刹车"而掉进冰冷刺骨的河水中。

初生的幼赤狐皮毛又黑又短，身体软弱无力，喜欢在洞口晒太阳。它们生长的速度很快，一个月左右体重就会达到 1 千克，可以到洞外活动。小家伙们常嬉戏打闹。在打闹中，它们锻炼了体格，掌握了初步的闪躲技巧。半年以后，长大的幼崽便离开雌赤狐，开始独立生活了。

赤狐是在夜间捕食的猎手。它们以灵活而轻盈的脚步悄悄地在草丛中搜寻猎物，或者潜伏在隐蔽的地方等候猎物。当猎物离得很近时，它们就从地面突然跳起，十分准确地扑向猎物。

我们通常所看到的赤狐的毛色为红褐色，但赤狐的毛色也会因所住地方的不同而有所不同，如黑狐、银狐和叉纹狐等，但它们并不是不同的种类。黑狐主要分布于北美洲北部及西伯利亚，银狐分布于加拿大及西伯利亚，叉纹狐分布于北美洲和西伯利亚。

赤狐体内能分泌一种令其他动物窒息的"狐臭"。它们可以用这种气味来标记领地，还可以通过对方留下来的气味识别对方的性别、地位等级和确定的位置。而且这种气味还是它们逃生的秘密武器。求偶期间，赤狐的尿液中还会散发出类似麝香的气味来吸引异性。

赤狐狡猾的名声大概是由于人们对它们的不信任，因为它们总是偷偷地以计谋获取食物。实际上，它们这样做是谋生的需要。它们非常机敏，而且富有耐心，会想尽办法来捕捉猎物。赤狐吃危害农田的田鼠、黄鼠、仓鼠和野兔、小鸟、昆虫等，所以赤狐对于农业生产是有保护作用的。然而在过去的几个世纪里，赤狐却遭到了人类的滥杀。

4. 动物家庭中的"气功师"

在大千世界中，人类的气功有颇多神秘之处，而我们的动物朋友是否也会发气功呢？科学家经过潜心研究后欣喜地发现，动物大家族中确实也不乏"气功师"，而且它们发的气功是令人称奇的。

在非洲的赞比亚，有一种会"硬气功"的老鼠，当地的土著居民管它叫拱桥鼠，它的"硬气功"堪称一绝。这种体重达1千克的奇特老鼠，如果它不幸被人踩在脚下，就会用锁骨抵住地面，拱起脊背，全身运足气，就算体重60千克的人踩在它的背上，它照样若无其事。即使用力跺脚，它也丝毫无损，也从不会叫一声。这时，你可能以为它已经死了，脚稍一放松，它便逃之夭夭。

科学家研究发现，能够运气发功的还有某些蛇类、蛙类、鱼类等。西班牙的马德里地区可谓是"藏龙卧虎"。这里生活着一种绿色的"气功蛇"，它的"气功功夫"可以说到了炉火纯青的程度。这种蛇类"气功大师"艺高胆大，还特别喜欢晒太阳。在天气炎热的时候，它们喜欢从草丛里爬到光滑的马路上，大模大样地晒太阳。当载重汽车开过来的时候，它虽然预先感觉到地在颤动，明知道汽车就要驶到身边，却一动不动，不怕被汽车碾压。这时，它会鼓起肚子里的储气囊，快速地把气体输送到全身，像一条坚硬而有弹性的"橡皮管子"。即使是8吨重的卡车从它身上碾过之后，这位"气功大师"仍安然无恙，还洋洋得意地爬走。它摇头摆尾的样子，好像是在显示自己的非凡功夫。

据科学家观察，在位于法国、意大利、瑞士边境处的阿尔卑斯山上，有一种四肢短小、体型酷似野兔的猴子。它怀有一身绝技，也会发气功。每当大雪封山的时候，它为了节省时间尽快地出山觅食，往往先运好气然后从山顶上向山下滚去，不管山势怎样陡峭，也伤不了它一根筋骨，堪称"气功高手"。这也许是它们在生存过程中长期锻炼的结果。

在南美洲亚马逊河流域的原始森林中，生活着一种会自我充气的老鼠。它体大如猫，遇到敌害时，便运气发功，全身膨胀得像个足球，凭借突然胀大了的身体吓退敌人。即使敌手没被吓住硬要进攻，充气鼠也可以凭借胀大了的身体抵御一阵。另外，这种鼠过河前也会发功充气，胀大了的身体像橡皮艇一般，使它能轻而易举地游过河去。

除了陆地上的动物以外，有些海洋动物也是了不起的"气功大师"。

河豚鱼的气功本领也是人们所熟悉的。当它遇到强敌时，便鼓起浑圆的肚皮，叫对方无从下手或无法伤及自己的要害部位。而生活在大西洋深海里的一种磨球豚，运用气功克敌制胜的伎俩要比河豚高超得多。身长约0.4米的磨球豚，遍体长满棘刺，平时如鸟羽那样顺贴于身。凶悍无比的斜齿鲨最喜欢食用磨球豚，而且食量大得惊人，一口气就能吞下四五十条。当众多的磨球豚进入斜齿鲨的胃中之后，它们并不肯等死，立即聚气发功，个个肚子急剧膨胀，促使全身的棘刺，怒张起来，活像一只只刺猬，它们在斜齿鲨的胃壁上滚磨，斜齿鲨在一阵剧痛后死去，磨球豚就磨穿鲨鱼的肚子钻了出来，同海里的伙伴一起吞食鲨鱼的肉。

在热带海洋的珊瑚丛中，生息着一种专门以珊瑚虫为食物的气球鱼。这种鱼的体侧有一个气泡，当它遇到敌害时，小气泡会立即胀成排球般大小，使大鱼无法吞食。而且这种鱼尽管只有手指那么长，但当它的小气泡胀气时，它的身体的体积能一下子胀大 20 倍。因此，当地渔民又把这种鱼称为"勿吞我"。

鳜鱼也是位"气功高手"。有人曾经目睹了鳜鱼杀蛇的惊险场面。一条鳜鱼肚皮朝天躺在水面上休息，有一条 1 米多长的水蛇游来了，见此美食，心中不禁大喜。但它很小心，没有贸然行动，而是围着鳜鱼先游了一圈。见鳜鱼继续装死，便把绳子一样的身子朝鳜鱼身上缠起来。鳜鱼继续装死大嘴巴闭成一条线。等水蛇在自己身上绕了 3 匝之后。鳜鱼突然发功，肚子一鼓，背上的尖鳍刷地竖了起来，像快刀似的把水蛇斩成几段。然后，鳜鱼张开大嘴，把断蛇一段一段吞进肚里。

这些奇怪的动物气功师的绝技到底是怎么回事？迄今为止还是一个谜。

5. 来自地狱的黑色树眼镜蛇

生活在南部非洲的居民认为黑色树眼镜蛇是最可怕的，在他们看来这种蛇就是死亡的影子。许多权威人士也认为这种蛇是世界上最毒的毒蛇。在许多古老传说中最引人注目的一个是说黑色树眼镜蛇能与最快的马并驾齐驱。当然，这种说法有些太言过其实，不过，它作为爬行动物，能跑得非常快则是毋庸置疑的。它每小时能跑 7 英里，能轻松地赶上逃得不快的人，迅速攻击，并排出能置若干人于死地的毒液。除非马上用药，否则受害者在几小时内就可能丧生。有一男子肩部被咬，不到 1 分钟就死去了。这很可能是因咬中了动

脉，毒液直接进入动脉血液中。

黑色树眼镜蛇生活在热带雨林和茂密灌木丛中，很少接触到人。因此，尽管其毒性很大，它们还算不上是人类的最可怕的杀手。

头号杀手的桂冠要戴在另一种毒蛇——鼓腹巨蝰的头上。它在非洲大陆上毒死的人比其他毒蛇毒死的人总数还多。这种蛇在白天懒洋洋的，无精打采。可是一到晚上，它们就精神抖擞，到居民住宅去找老鼠。这是它们的主要食物来源。

这种蛇不怕惊吓，当人走近它时，它并不急于躲开，所以，人很容易在黑暗中踩上它。这时，蝰蛇会立即反应，猛地咬人一口。鼓腹蝰蛇有大毒牙和剧毒的毒液，一旦抢救不及，被咬的人必死无疑。

尽管这种蝰蛇非常可怕，人们过去却曾利用过它。当步枪在中部非洲还没有广泛使用时，土著居民就捉一条活蝰蛇，把它拴在野牛经常出没的地方或必经之路上。当第一头野牛走近时，那条被拴的蛇就会向牛猛扑过去，狠咬一口，牛很快就死了。于是，猎人就获得了鲜美的牛肉。所谓"狡兔死，走狗烹"，很快，那条蛇也成了人们桌上的佳肴。

6. 草原上的巨人：大象

在现存的草原动物中，体积最大的莫过于大象。它有影壁似的躯体、柱子似的腿、蒲扇似的耳朵、玉石树枝似的长牙，什么都给人一种大大的感觉。难怪人们在看到象时，总要在"象"前面加个"大"字，称之为"大象"。

大象吃青草、树皮、树叶等多种不同的食物。大象用象鼻攀折树枝，把树连根拔起，还把另一些树的树皮剥光，使得树木枯萎。大象就这样把森林变为开阔地，使燎原野火易于发生，最终把那个地带变为无树平原。

大象所作所为并非完全是破坏，它也使那个地方丰足，使其他动物易于生存。大象遗留一些倒下的树木和折断的树枝，让吃枝叶的动物得到食物；在干涸的河床掘井，于是在旱季也有水供应。大象喜欢有树的地方。今天它们大部分都因处于国家公园及保留地内而使活动大受限制，被迫在同一块荒地上不断走来走去。

7 岁后，雄象比雌象长大得快。50 岁的雄象体重可达 6 吨半，同样年纪的雌象，体重 4 吨。活到 50 岁以上的雄象很少，雌象则有时活到 60 岁。

雌象通常大约到了 10 岁便可交配，雄象则稍迟一二年。雄象有时为了追求雌象，互相打斗逞强。雌象的春情发动期持续一两天。怀孕期为 660 天，每胎产一只。在正常情况下，雌象产后两年，春情发动期又会来临。在再次怀孕期间，雌象仍继续给幼象哺乳。现在，许多象群的生活环境恶劣，加上过分挤迫，食物和荫蔽地方不足，大象的发育成熟期往往延迟。有些地区，雌象到 18 岁才可生育，而两胎相隔时间不是 4 年而是至少 8 年。

大象也和炎热气候中的许多其他大哺乳动物一样，要设法散发过量的体热。这就是大象和犀牛拼命在水里打滚，还经常把冷泥浆涂在身体上的原因。非洲象另有一个调节体温的办法。它每只大耳长达 1.8 米，宽达 1.5 米，里面有一大堆复杂的血管。耳朵前后扇动时，耳内的血可以冷却许多。

大象的下肢骨联成一垂直线，形如支柱撑着躯体，尽量减少关节上的压力。脚上有弹性的软垫，有避震器的作用，可承受沉重的负荷。为了支持巨大的躯体，大象每天吃的食物约等于本身体重的 5%，喝水约 150 升，每次一口气可吸水 7.6 升。

在树木稀少的地方，大象的食物九成可能是草，但在有树木的地区，大象以吃树枝、树叶为主。大象喜欢从沙质土里挖出树根来，咀嚼树根吃里面的树液。象鼻嗅觉灵敏，它能嗅到埋在地下的树根，先用前足把泥掘去，然后用长牙把树根撬起。

大象所吃的食物大部分原封不动地排泄出来。大象吃进大量食

物，使食物迅速通过肠胃，只消化吸收最富营养的部分。大象用这个方法，就能从大部分不能消化的木质食物中摄取足够营养。

大象吃东西很草率，破坏的植物远较吃下的多。大象把一丛丛草连根拔起吞下，还咀嚼坚硬多泥的树皮，这一切都引致牙齿严重磨损。它们巨大的臼齿逐颗脱落，一生共换 5 次。当最后一颗臼齿脱落后，大象再也不能咀嚼食物，只能面临饥饿与死亡。因此老雄象常在河边度其余年，因为河边的植被较易吞下。

7. 人类的"亲戚"：黑猩猩

黑猩猩是猩猩中体形中最小的种类，生活在非洲气候炎热潮温、高大茂密的落叶雨林中，体重约 70 千克，其中有黑猩猩和小黑猩猩（倭黑猩猩）两种。根据种种实验证明，其智力在所有动物中名列前茅，一般认为它是除人类之外最聪明的动物，表现在具有一定的思维能力和相当高的理解力，能推测时间和空间的概念，懂得因果关系，能进行有象征性的模仿等等。

黑猩猩在分类学上隶属于哺乳纲、灵长目、猩猩科、黑猩猩属。黑猩猩的肋骨同人类一样有 13 对，脑容量为 290 ~ 500 毫升，与猩猩大致相同。黑猩猩圆形的头，无毛的面部，大耳廓以及牙齿的形状和数目都与人类相似，在行为和表情上也很像人，脑虽然比人的小一些，但结构相差不大。它与人类有着共同的祖先和较近的亲缘关系，所以研究它的心理和行为，对于分析、推测远古人类的行为和生活有着极其重要的价值。

黑猩猩在形态上与大猩猩很相似，面部以黑色居多。眉骨较高，两眼深陷，虹膜为黄褐色，嘴巴宽阔，具有 32 枚牙齿，釉质的臼齿上没有皱折。全身长有乌黑色的体毛，胸腹部较为稀疏，颈部以及肩臂部略长，并且随着年龄的增长，也可能逐渐生出灰色和褐色的毛，有些个体的吻部还有白色的胡须。由于体毛较为粗短，体形也显得瘦小，雄兽体长为 110 ~ 140 厘米，体重 50 ~ 75 千克。它的头顶较圆而平，另外鼻孔小而窄，嘴唇长而薄，头上长有一对扇风大耳。

黑猩猩大多在森林的边缘地带活动。它们喜欢群居生活，群体的大小不一，有时 3 ~ 5 只，有时可达到 30 ~ 50 只。群体成员的关系比较散漫，尤其是性关系松弛，雌兽可以同许多雄兽进行交配，但也有"爱情专一"的。首领由成年雄兽担任，有一定的等级关系，群体成员对首领有让路、点头哈腰、小声叫唤等顺从的表现，首领则以碰碰手、摸摸头部等动作以示应答。群体中的成员常有变动，遇到机会时，可以脱离群体，加入其他群体中，也有的老年个体常常哪个群体都不收留，只好单独生活。有时不同群体间会发生冲突，甚至偶有同类相食的现象。雄兽长大以后，往往都要争当首领，只有体格健壮者才能取得胜利。不过，有时新首领的威信尚未建立，还要依靠旧首领的帮助。

黑猩猩性情好奇，好动不好静，行动敏捷而机灵，白天常聚集在一起大吵大闹，十分混乱，几乎每隔 20 分钟就要闹上一阵，还时常利用茂密的枝蔓玩一些"打秋千"、"捉迷藏"之类的游戏。食物主要是植物的果实、鲜叶、嫩芽等，也去田园中偷吃香蕉和瓜果。在果实最缺乏的季节，也吃昆虫、小鸟和白蚁等，甚至还集体围捕狒狒、羚羊、野猪等较大动物，扑上去杀死以后，把猎物撕成块，整个群体一起分享。

利用工具是很多动物中都存在的现象，但黑猩猩在使用某些工具之前能够给予一定程度的加工，虽然这种加工极其简单粗糙，但毕竟是主动的、有目的、有意识地改造物体使之更适合于使用的行为。例如它不仅能用食指将蚂蚁洞捅大，还能拾起一根树枝或草棍，握紧手掌把草叶捋掉后伸进洞里，把蚂蚁钓出来吃掉。草棍若是捅弯了，就把弯头咬断或者再换一根。此外，还有用长木棍抽打树枝，取食树叶，用棍棒捅入蜂窝蘸蜜吃等。

更令人惊奇的是，有时它能先把树叶放在嘴里嚼成海绵状，放入嘴难以伸进的树洞中吸取积水，再捞出来放在嘴里吸吮水分。它甚至还会寻找一些草药，自己治疗肠胃疾病。

黑猩猩为半树栖动物，爬树的本领比大猩猩强得多，但远不如猩猩，也不会用臂行法在森林中前进，多在地上四肢着地，以弯曲的指节支撑。它是一种流浪性较强的动物，有一定的活动范围，但栖息地点不固定，不在一处久居，每天白天在地下活动的时间较多，上午在森林里随处觅食，到了午后就停留在一处玩耍和休息，并开始准备筑巢，将带叶的大小树枝互相穿插，铺筑在离地面高 5～30 米、枝繁叶茂的树上。到了黄昏时就纷纷上树去睡觉，一直睡到次日清晨日出以后。

黑猩猩能做出喜、怒、哀、乐等表情，当同伴在一起相遇时，就大声喊叫，表示问候；有的还互相欠身、拉手、搂抱、亲吻或用手抚摸对方的脸和脖子等。当有的个体心情烦躁时，同伴就会把手搭在它的肩上，使其平静下来。相互交流思想和情报的时候，不仅依靠不同的声音，而且使用各种各样的姿势和手势来表达较为复杂的感情。例如当看到树上结有成熟的果实时，就会大声嚷叫，通知同伴取食；遭到攻击时，会发出惊吓或感到疼痛的嚷叫，让同伴前来支援；一个黑猩猩成员捕到猎物，其他成员会伸手去要吃；感到惊讶时，总是接触或拥抱旁边的同伴；发现丰盛的果实时，则露出欣喜的表情，与同伴狂热地亲吻和拥抱，以表示兴奋，等等。同伴之间也常彼此梳毛、抓痒、捉寄生虫等，以促进情感的交流。

有人对人工驯养的黑猩猩做过实验，将它放在天棚上挂着香蕉、地上放着短竹竿的房子里，它竟然能够把细竹竿插在粗竹竿上面，变成一根长竿，将香蕉捅下来吃掉。受过训练的黑猩猩甚至能利用电脑键盘，依靠一组产生宾语和动词符号的按键，组成有用的句子进行对话，当看到一个里面盛有巧克力的箱子时，其中一只便按下了"箱子里有什么"的句子，而另一只则按键回答"箱子里有巧克力"。

在 20 世纪 50 年代初，非洲森林中尚有几十万只黑猩猩；但 30

年以后，由于人类乱捕滥猎和砍伐森林、开垦土地、开采矿物资源等，破坏了它们的栖息环境，使黑猩猩的数量不断减少，目前只剩下数万只。如果再这样下去，用不了几年它就会同其他猩猩一样，成为濒危物种了。

8. 能狂奔却不会飞的鸵鸟

人们常常向往那些在空中振翅高飞、千姿百态的鸟类，它们是多么的自由自在啊！但是，并不是所有的鸟类都能在天空翱翔。在鸟类中有少数种类是没有飞翔能力的，比如鸵鸟就不会飞。

在茫茫沙漠里，喝一口水，找一点食物都是十分困难的。会飞翔的鸟类可以展开双翅，飞向目的地，但是对鸵鸟来说，却只能望空兴叹了，因为它有翅却不能飞翔。

不过鸵鸟虽然不会飞，却有它自己独特的本领。为了取食、逃避敌害，它们需要常年奔跑在植物稀少、水源奇缺、一望无际的沙漠草原地区，因此，练就了一套快速飞跑的本领，成为世界上跑得最快的鸟。比如：有名的非洲鸵鸟，当它受到惊吓要逃避敌害，或为取食而奔跑时，每小时可跑40公里，一步跨幅可达2~3米。所以鸵鸟尽管不能像其他鸟一样会飞翔，但靠着快跑的本领，使它能够在茫茫的沙漠中得到食物，避开敌害。鸵鸟之所以能快速奔跑，和那双非常强壮有力的大腿分不开。除此之外，它的足趾只剩下两个，这个特点在现代鸟类中也是独一无二的，再加上足趾皮肤很厚，可以保护脚底不被热沙烫伤。这些特点，均有利于鸵鸟在沙漠中生存。

鸵鸟体大力壮，一只鸵鸟背可以经得起两个人同时乘坐。也因它们身强力壮，所以能抵抗强敌对它的危害。如果有狼、豹等要侵犯时，它随即提起大脚猛踢一下，重者能够踢死敌人，有时猎人也

会尝到鸵鸟的一踢之苦。尽管如此，鸵鸟的性情还是比较温和的，容易驯养。有些非洲人习惯将鸵鸟饲养在家中，作为运输工具使用。在那里常可看到，非洲人在搬家时前边走的是骆驼，背上背着重负，而鸵鸟则跟在后边，背上驮着小孩和小型家具，那是它在为主人效劳。

9. 用胃孵育后代的动物

多年以前，人们发现了有两种蛙具有神奇独特的本事：用胃孵育后代。可惜，今天这两种不平常的蛙类很可能都灭绝了。最后一只用胃孵育后代的蛙是在 1981 年被发现的，而在北部发现的最后一只此种蛙是在 1985 年。奇怪的是，北部的蛙在 1985 年 3 月并没有什么异常，但是 3 个月后却消失了，从此人们再也没有见过。它们的消失是自然界的一大损失——不仅仅是两个特殊物种的灭绝，而且是一种独一无二的孵育后代的方式的绝迹。

根据它们的名字可以知道这种蛙产卵后是在母蛙的胃里孵育的。它们是人们所知的唯一一种这样孵育后代的动物。母蛙把受精卵吞下后，在它的胃里把卵孵化成蝌蚪，再变成小蛙。在长达 6 ~ 7 周的怀孕期母蛙不能进食，最后从它的嘴里生出小蛙，一次有 1 ~ 2 只完全成型的幼蛙跳到外面的世界来。在这段不寻常的过程中，母蛙用于消化的分泌物和盐酸的产生都完全停止了——胃实际上变成了暂时的子宫。

这两种蛙，孵育出 20 ~ 25 毫米大小的幼蛙，整个分娩过程需要大约一天半的时间。4 天后，消化道又恢复到正常状态，母蛙就可以继续进食了。这些蛙类为什么会灭绝，至今人们还是不太清楚，部分原因是由于树木的砍伐。从那以后，人类加强了对此蛙寻找的力度，但是却无功而返。

10. 海洋中的梦幻杀手：水母

　　水母是非常奇怪的一种海洋动物。水母的生殖体无触手和口，中央有一条被称为子茎的柄状物，与共肉相通，子茎外面有瓶状的围鞘，称为生殖鞘。子茎上的细胞以出芽生殖产生许多水母芽，成熟后经生殖鞘的开口游出，成为水母体。

　　水母体呈伞状，在下伞的中央伸出一条垂管，其末端有一方形的口，内通消化循环腔、四条辐管及伞边缘的环管。伞的边缘上有一圈触手，内有一个神经环与环管平行，又有8个位于触手中的平衡囊与神经环相通。水母体为雌雄异体，精、卵成熟后在海水中受精，受精卵发育成实心的原肠胚，体表生有纤毛，称为浮浪幼虫。浮浪幼虫经过一段时间的游泳生活后，就停留在某一物体上，一端附着，另一端生出触手、垂唇和口，成为一个水螅体，并以出芽繁殖的方式发育为群体。水母体的生存期短，产生性细胞后便死亡。

　　桃花水母是我国长江水域中很常见的一种水母，它的生殖腺呈红色，常发生在桃花盛开的季节，水母在水中漂游，白色中央透着红色，酷似桃花，所以被人们称为桃花水母。桃花水母大多产于我国四川嘉陵江及长江沿岸各湖泊中，因桃花水母的盛发期正值长江天然鱼类产卵期，所以对鱼苗的危害性很大。

　　桃花水母体呈圆伞形，渔民根据其体形又称其为降落伞鱼。水母体直径约1~2厘米，下伞中央有一长垂管，末端为口，内通消化循环腔、四条辐管及伞边缘的环管。在每一条辐管下面由外胚层形成红色的生殖腺，雌雄异体。由伞边缘向下伞中央伸展出一圈多肌纤维的缘膜。由于肌纤维的收缩，水由缘膜孔进出，使之游泳前进。伞的边缘上有很多触手，伸缩性强，其中四条很长，有感觉作用。感觉器官为平衡囊，由位于触手基部的内胚层形成，数目较多。水螅型桃花水母，个体很小，约3毫米，有很多分支，上有刺细胞，

无触手，由刺细胞捕捉食物。在其中的一种分支上着生水母芽，逐渐长大，成为有性的水母，但世代交替现象不甚明显。

11. 无比敏感的星鼻鼹

如果要在动物王国中评选明星的话，星鼻鼹一定会以它奇形怪状的鼻子而胜出，它那像章鱼触须一样的鼻子非常独特。著名的物理学家惠勒曾说过："无论在何处，都要去发掘最奇特的事物，并加以探索。"当然啦，你很难想象还有比星鼻鼹更奇特的动物了。

它比较像是那种从飞碟里现身，向好奇的地球人代表问候的生物。它的鼻子周围有 22 条肉质的附器环绕成一圈，当它在自家环境中穿梭时，这鼻子常因快速颤动而让人看不清楚。

那么这种生物是怎么演化出来的？那个星星是什么？它如何作用？又是用来做什么的？对于这种不寻常的哺乳动物，这些都是我们想要解开的谜题。星鼻鼹不仅有一张好玩的脸，还有着相当特别的脑，也许有助于解答哺乳动物神经系统的构成与演化这些长久以来的问题。星鼻鼹是小型动物，只能让磅秤的、指针倾斜为 50 克，这大约是小鼠的两倍。它们生活在湿地的浅层地道中，遍及美国东北与加拿大东部，猎食的环境涵盖地下及水下。如同鼹鼠科其他 30 种左右的成员，星鼻鼹属于哺乳动物的食虫目，这类生物新陈代谢极快，经常感觉饥肠辘辘，所以这胃口奇大的小小星鼻鼹必须要能找到足够的猎物，以度过寒冷的北国冬天。

和其他鼹鼠一样，它们不但会在土壤中寻觅蚯蚓，还会在湿地栖境里营养丰富的泥巴与烂叶中，取食多种小型无脊椎动物和昆虫幼虫，也会潜游到池塘与溪流的浑浊水底，把猎物给揪出来。寻找猎物正是"星鼻"上场的时候。星鼻并不是负责嗅闻的嗅觉系统的一部分，也不是用来捕捉食物的助手，而是一个无比敏感的触觉器官。

12. 海洋中的"智叟"：海豚

长期以来，人们一直认为猴子是最聪明的动物，但在驯养海豚的过程中，人们才发现，海豚的才能与智慧不亚于猴子，而且还有过之而无不及。

提起海豚，人们都听说它拥有超常的智慧和能力。在水族馆里，海豚能够按照训练师的指示，表演各种美妙的跳跃动作。它似乎能了解人类所传递的信息，并采取行动，人们不禁惊叹这美丽的海洋动物是如此得聪明！那么，海豚的智慧和能力究竟高到什么程度？它们和人类之间的相互沟通有没有日益增进的可能？

其实，海豚与人类一样，也有学习能力，甚至比黑猩猩还略胜一筹，有海中"智叟"之称。研究表明，不论是绝对脑重量还是相对脑重量，海豚都远远超过了黑猩猩，而学习能力与智力发达密切相关。有人认为，海豚的大脑容量比黑猩猩还要大，显然是一种高智商的动物，是一种具有思维能力的动物。

海豚不仅具有聪明的脑子，而且天生就是游泳健将。它可以和海船比速度、比耐力，能够一连许多小时，甚至好多天跟着海船畅游。据估计，海豚的游速一般可以达到每小时 40~50 千米，有时甚至可达每小时 75 千米。这个速度超过了轮船，大概与普通火车差不多。

海豚为什么能够连着几天不休息地游泳呢？它不需要睡觉吗？迄今，确实没有人见过海豚睡觉，它们总是不停地在游动。经研究发现，海豚的睡觉方式非常奇特，与众不同，它采取的是"轮休制"。海豚在需要睡眠的时候，大脑的两个半球处于明显的不同状态，一个大脑半球睡眠时，另一大脑半球却是清醒的。每隔十几分钟，两个半球的状态就轮换一次，而且很有规律性。因而它的身体始终能有意识地不停歇地游动。

有人曾给海豚注射一种大脑麻醉剂，看它能否安静下来，像其他动物一样完全睡着。谁知注射后，这只海豚从此一睡不醒，丧失了生命。看来海豚是不能像人或其他动物那样静态地睡觉的。海豚的大脑之所以独具这种轮休功能，至今未得其解。

虽然海豚与人一样都属于哺乳动物，但因生活的环境不同，相互接触的机会不多，故人类对海豚潜在能力的了解是很有限的。那么，人类究竟是采用何种方法来研究并探索海豚的智能呢？目前，大多数都采用下列两种方法：一是根据海豚解剖学上的特征，来推算海豚的潜在能力；二是实际观察野生海豚的行为，并从行为目的与功能方面着手，推测其智能的高低。

科学家研究发现，海豚大脑半球上的脑沟纵横交错，形成复杂的皱褶，大脑皮质每单位体积的细胞和神经细胞的数目非常多，神经的分布也相当复杂。例如，大西洋瓶鼻海豚的体重250千克，而脑部重量约为1500克（这个值和成年男性的脑重1400克相近），脑重和体重的比值约为0.6，这个值虽然远低于人类的1.93，但却超过大猩猩或猴类等灵长类动物。

至于海豚大脑半球上由脑沟所形成的皱褶，根据研究显示，大西洋瓶鼻海豚的皱褶甚至比人类还多，而且更为复杂，它们的大脑皮质表面积为2500平方厘米，是人类的1.5倍。海豚脑部神经细胞的密度与人类或黑猩猩的几乎没有差别。换句话说，海豚脑部神经细胞的数目，比人类或黑猩猩的还要多。因此，无论是从脑重量和体重的比，还是从大脑皮质的皱褶数目来看，大西洋瓶鼻海豚脑部的记忆容量，或是信息处理能力，均与灵长类不相上下。

根据观察野生海豚的行为，以及海豚表演杂技时与人类沟通的情形推测，海豚的适应及学习能力都很强，但目前尚无法证明海豚运用语言或符号进行抽象式的思维。不过，即使没有科学上的确凿证据，也不能就此认为海豚没有抽象思维能力。

倘若海豚真的具有抽象思维能力，那么它究竟是如何运用这种能力？而其程度又是如何？这些都是饶有兴趣的问题。但现在，想找出这些问题的答案并不容易，因为即使是人类自身所拥有的智慧，也还有许多未知之处。

海豚是人类的好朋友，被称为见义勇为的海上救生员，这种行为该怎样解释呢？

迷信的人把海豚看作神灵，说它们救人的行为是神的意志指点的；有的人认为海豚是一种有着高尚道德品质的动物，海豚救人的美德，来源于海豚对子女的"照料天性"。

难道海豚真的具有高度的思维？看来，这个谜的解开还有待于人们对海豚进一步的认识和研究。

13. "六不像"的利角

羚羊又名"六不像"，这是因为羚羊走路时背脊上弓，像只大棕熊；倾斜的后腿像斑鬣狗；四肢粗短像牛；脸儿像驼鹿；尾巴宽扁像山羊；犄角弯转扭曲，与角马的角儿相似。羚羊的武器是角，它的角与鹿角有什么区别呢？

大多数羚羊都生活在非洲，我国的新疆、青海、甘肃、西藏和内蒙古等地也有。羚羊的腿很纤细，体形像鹿，但其实和牛有亲属关系。羚羊喜欢在荒漠的草原地带生活，因为这些地方缺少隐蔽的场所，所以羚羊的角就成了它们一时都不可缺少的反击敌人、保护自己的武器。羚羊的角不能像鹿那样每年都会脱落下来，否则羚羊很容易被凶猛的野兽吃掉，所以羚羊的角一辈子也没有更换的机会。不过，它们虽然不换角，却每年都要更换一次包在外面的硬鞘，使角保持又尖又锐利。

鹿是只有雄性的才有角，雌性的没有角，而羚羊却是不分雌雄都有角。这一点也有很大差别。

羚羊比鹿更勇敢些，它们的角也比鹿角更好用，羚羊为了自卫而拼命的时候，那双尖利的角还杀死过狮子呢！

14. 一目二视的变色龙

闻名世界的俄国短篇小说家契诃夫的《变色龙》给世界的文学画廊增添了有趣的一笔，使人们对善变的小人有了统一的尊称"变色龙"。其实真正的变色龙并非"小人"，你知道它为什么变化颜色吗？

人们习惯上将避役叫作变色龙。避役是生活在非洲马尔加什岛的典型树栖爬行动物。有50多种，以捕食昆虫为生。因为它们能根据环境情况迅速改变自身颜色，以保护自己，所以俗称变色龙。

避役身体的肌肉里，有无数红、黄、青等特殊的色素细胞，当外界颜色变化后，避役就迅速调整细胞中的色素分布，使身体的颜色和环境保持一致，从而隐蔽自己，逃避敌害。当遇到天敌袭击时，它就快速收缩或扩大肌肉。于是，身体里的色素细胞也随之集中或扩散，皮肤便呈现出变化不定的颜色，以此吓退敌人。

避役的眼睛也很灵活，可以"一目二视"，这在脊椎动物中是独一无二的。避役的两只眼睛圆鼓鼓的，外罩一个圆锥形的鳞盖，上面只留一个小圆孔使瞳孔露在外面。一只眼睛向前或向上方看时，另一只眼睛可以同时向下或向后方看。若发现食物，当昆虫爬到距它二三十厘米时，它就瞄准目标，然后伸出一条尖端膨大、又细又长的舌头，准确无误地将昆虫粘住拉回嘴里，然后一卷，吞入肚中。它的舌头大，长得几乎和身体等长，而且非常灵活方便，是捕捉昆虫的好帮手。

15. 捕捉超声波的"活雷达"

蝙蝠的视力很差，但它能在漆黑的夜里捉蚊子吃，它怎么能看得见呢？

夏天的傍晚，我们经常能在空中见到一些小鸟样的怪物，盘旋飞行，捕捉昆虫，这种动物不是鸟，而是哺乳动物中唯一能飞行的小野兽——蝙蝠。蝙蝠是出色的飞行家，可奇怪的是，它的视力很不好，像个瞎子，几乎什么都看不见，不过这并不影响它的飞行和捕食。因为蝙蝠飞行时，会发出频率特别高的超声波，这种声波在空中一碰到东西，能很快反射回来让蝙蝠接收，使它不会东碰西撞。超声波遇到空中飞行的昆虫，也能反射回来，蝙蝠根据反射波提供的方位，就能捕捉到昆虫了。

有人做过这样的试验，把蝙蝠的眼睛蒙上，蝙蝠也照样能飞和捉到蚊子，它绝不会乱飞乱撞。

蝙蝠睡觉的姿势很有趣，爱把身体倒挂在岩洞顶部或树枝上。这种睡相有什么好处呢？原来，吊着睡觉能使身体不直接碰到冰冷的岩壁，起到保暖作用，而且遇到危险时可以立即展翅飞走。

十一、令人惊奇的世界之最

神奇瑰丽的大自然，不禁让人产生无限的惊叹。在世界上发生很多不可思议的神奇之最，堪称为"大自然的吉尼斯"，更是给人以叹为观止的心灵震撼。我们在感叹大自然广博的同时，也赞叹生活在极端环境的人们的勇敢、勤劳与智慧。下面就带你领略奇妙的极限之旅：冷极、热极、湿极、干极，等等。

1. 世界气候之最

（1）热之极

世界上最热的地方并不是在赤道，南美洲厄瓜多尔的首都基多虽然位于赤道，却四季如春。从日绝对最高气温来看，地球最热的地方是位于非洲利比亚的阿齐济耶，它位于北纬32°32′，东经13°01′。1922年9月13日，美国国家地理学会在此测到了58℃的最高气温，这是目前世界上的最高气温纪录，阿齐济耶因而成为世界"热极"。这里，当地人在阳光下竟能在墙上烙饼吃。

（2）冷之极

南极和北极是地球上最冷的地区，这个说法大体不错，但是还不够准确。俄罗斯东西伯利亚的奥伊米亚康和维尔霍扬斯克有世界"冰窖"之称，极端最低气温达–73.6℃，是北半球最冷的地方。这还不是地球上最冷的地方，1960年8月24日，前苏联在南极大陆上的科学考察站——"东方站",曾记录到 - 88.3℃ 的低温,这是地球上真正的"冷极"。

如果地球表面没有大气,地球表面的平均温度将是 - 23℃。实际上地球表面的平均温度为 15℃,可见大气就是地球这个温室的"玻璃"和"塑料薄膜"。人类大量燃烧化石燃料等使得大气中二氧化碳等温室气体含量增加,这导致全球气候变暖,可能会给人类生存和社会发展带来灾难性的后果。

(3)湿之极

位于太平洋中北部的夏威夷群岛中的威尔里尔,年平均降水量达 11684 毫米,是世界上年平均降水量最多的地方,于是人们给威尔里尔授予"世界湿极"的称号。

(4)干之极

世界上雨量最少的地方是太平洋东岸的智利阿塔卡马沙漠,那里年平均降水量小于 0.1 毫米,气候炎热干燥,属热带沙漠气候。据测,1845 ~ 1936 年竟未落一滴雨。这里的海滨城市伊基克,也有 14 年未曾降水的纪录。

旱城秘鲁首都利马,年降雨量只有 37 毫米,是世界上几乎不见雨的城市。

(5)"雨城"和"水城"

雨城印度阿萨姆邦气拉朋齐城,年降雨量达 12000 毫米以上,最高达 22990 毫米,被称为"世界雨城"。

水城意大利的威尼斯城建筑在 118 个岛屿上,市区共有 117 条河道、401 座桥梁,素有"水城"之称。

(6)世界上多雨之地

巴西的巴拉市,是世界上年降雨量最多的地区。在这里,无日不雨,零星小雨不算,就是瓢泼大雨也难以数计,终年难见一晴日。当地人计时也习惯用下雨的次数,如"事情发生在第三和第四次午后雨之间"。若是约会,会说"在第二次早雨以后"。

2. 世界海洋之最

（1）最高的海啸浪

世界上最高的海啸浪，发生在美国阿拉斯加州东南的瓦尔迪兹海面上。1964 年 3 月 28 日，"威廉姆王子之声"地震以后，由此而触发的海啸，浪高达 67 米，有 20 层楼那么高。

（2）最咸最低的湖——死海

死海是海吗？不，它不是海，它是西亚著名的咸水湖。它位于约旦和巴勒斯坦之间，东西宽 5 千米~16 千米，南北长 75 千米。

死海是世界上最咸的湖泊，也是世界上最低的湖泊。说来凑巧，它的几个统计数字也是十分有趣的。它的水面低于海平面 400 米，它的最深处水深 400 米，它的水中所含的各种矿物质约 400 种，它的湖底沉积着 400 米厚的盐类物质。

湖水盐度为 300 克/升，为一般海水的 8.6 倍。在这样的水里，除了细菌和蓝绿藻，再没有其他生物了。

世界各地的游客来到死海，出于好奇，大多要下水游泳。死海同世界上的一些江河湖海不同，是不容许人们在水里"为所欲为"的，任何游泳好手，在死海里也休想施展出自己的本领。而那些从未游过泳的人尽可放心地仰卧水面，放开四肢，随波逐流。风平浪静时，人甚至可以在水面上捧读书本，或者撑着阳伞享受在其他水面上所不能得到的情趣。

3. 世界地域之最

（1）世界之巅

珠穆朗玛峰是世界的最高峰，有"世界之巅"之称。我国藏族人民把它视为圣洁的女神。据说青藏高原上有女神五姐妹，住在最高峰上的是名叫珠穆朗桑玛的三姐，因而这座山峰就叫"珠穆朗玛峰"或"第三女神"。

珠穆朗玛峰并非"生来"就是这么高的。3000多万年前，它不过是大洋盆地中的一个小山头。后来由于地壳运动，开始缓缓升高，经过几千万年的变迁，才成为地球之巅。据科学家证实，它每年要长高10～20厘米。

巍峨的喜马拉雅山，到处是冰塔、冰柱和冰川，一年四季都覆盖着冰雪。"喜马拉雅"的意思就是"雪的家乡"，而"珠穆朗玛"的意思是"鸟儿飞不过的高山"。但是在1960年，我国登山队员克服极其恶劣的环境条件，成功地登上了珠穆朗玛峰。

（2）世界上最壮观的冰洞

斯卡里索拉冰洞，堪称是世界上最壮观瑰丽的冰洞之一，它海拔1100米左右，洞口是一个石灰岩坑。这个竖坑垂直地面陷落50米，洞底逐渐展开，通到洞内有两个大穴室，人们称它为"大堂"和"教堂"。"大堂"和"教堂"都积有许多坚冰。"教堂"内是一簇簇的冰笋，由穴顶缓缓滴下的水凝结而成，有的冰柱高达1.8米。

（3）世界上最大的冰洞

捷克斯洛伐克的塔特拉山，有世界上最大的多柏辛斯基冰洞，冰洞长达几千米，里面覆盖着厚达60米的冰层。冰洞有两个大厅，大厅之间有冰的夹道，坑道和冰阶相互连接。大厅的冰崖上，由冷暖气相交，凝成朵朵霜花，花型突出，在彩色灯光反射下，像四季盛开的千万朵梨花在争奇斗艳。

（4）最大的一次火山爆发

世界上最大的一次火山爆发发生在印度尼西亚爪哇和苏门答腊岛之间的一个岛上的卡拉卡陶火山。这次爆发发生在1883年。爆发时的威力比原子弹爆炸要厉害得多，大约有1万艘各种各样的船只在大海中破碎沉没，3～6万人葬身鱼腹，人和动物的尸体漂满了大海。

（5）天下第一奇石：福建风动石

在中国福建省南端的东山岛上有块奇石，它有一间房那么大，高4.37米，长4.69米，重约200吨，宛如一只巨大的玉兔蹲在一块比它更大的石头上。因此，它赢得了"天下第一奇石"的美称，是东山岛八大胜景之一。

东山奇石除了巨大之外，更奇的在于一个"悬"字。它除了下部几十厘米见方的圆弧部分同下面的一块比较平坦的石头接触外，几乎整个岩体都悬空而立，就仿佛一个身怀绝技的杂技演员。巨石身处东南沿海，饱受台风袭击，但除晃晃身子外，从未见其坠落，是个长寿的"不倒翁"，因此人们又称它为"风动石"。如果你到此游览，身体仰卧，翘足蹬踹巨石，巨石便来回晃动，有摇摇欲坠之感，很是惊险刺激。

风动石为什么摇而不倒呢？科学家们经过分析认为，它之所以能摇而不倒，与其形状有着很大的关系。它上面小，下面大，重心很低，即使遇风摇晃不定，通过重心的垂线，也始终在它与下面石头的接触面内，故任凭狂风呼啸，它仍安然不倒。其摇而不倒的原因同"不倒翁"很相似。

1918年2月3日，东山岛发生了罕见的7.5级大地震，地动山摇，无数房屋倒塌，可这块巨石只晃了几晃，竟安然无恙。据说，抗日战争时期，日军用钢丝绳将风动石捆住，与日舰"大和丸"连在一起，当"大和丸"开足马力企图拉动它时，随着"嘣嘣"几声巨响，钢丝绳断成了几截，而风动石依然原地未动。

地质学家经过实地考察发现，风动石和它下面的大石都属于花岗岩，根据岩石节理发育的特点判断，二者原来是一个整体，由于长期的风化和海蚀，才使它们分了家。类似的风动石在福建沿海地区并不少见，如泉州风动石、平潭风动石等。福建沿海地区的风动石都是由花岗岩形成的。花岗岩虽然很硬，但在长期的风吹、日晒、水冲等的作角下，会层层脱皮，地质学家把这种自然现象称为球形风化。这是目前对这块奇石形成原因的唯一的解释。

十二、谜底重重的未解之谜

我们的地球是一个美丽的蓝色星球。星球上的日出日落、云卷云舒，跨越了万古山川。人类在惊叹雄壮山河之时，也在困惑于人类未知的秘密和未解的谜团。人类用自己最大胆的想象和最绚丽的构思来探索自然的神奇，破解自然的密码。自然也像在和人类捉着迷藏，以震撼人心的景致，演绎它神秘莫测的波澜壮阔。

1. 海洋的不解之谜

蔚蓝色的海洋是不断为人类奉献礼物的巨大宝库，也是经常给人类带来惊奇的神奇世界。多年以来，大洋之中频繁出现的咄咄怪事始终令人困惑，而海底世界屡屡发生的神秘现象也始终令人惊奇。那么，海洋中是否真有另一种文明存在？海洋生物是否真有另一种智慧生命？迄今为止，人类对此虽然进行了大量的勘察与探寻，却仍没有找到确切的答案。

（1）传说中的海洋"美人鱼"

中国古代文献中有许多关于人鱼的记载。据记载，人鱼多是上半身为美丽女子的身体，长发飘飘美艳不可方物，但其下身却长满鳞片和鱼尾。有民间传说人鱼是对出海人的诅咒，她们用美丽的歌声来引诱水手。那么人们不禁要问海洋中真的有"美人鱼"吗？

"人鱼"生物研究家普利尼先生在其《自然历史》中写道："至于美人鱼，也叫尼厄丽德，这并非信口雌黄……她们是真实的，她

们的身体粗糙、遍体有鳞。"

早在 2300 多年以前，巴比伦的历史学家巴索斯在《万代历史》一书中就写到美人鱼。她们体形似鱼，身体下部有一双与人一样的脚连着鱼尾。17 世纪英国伦敦出版的《赫特生航海日记》中有这样的描述："人鱼露出于海面上的背和胸部像一个女人，她的身体和一般人一样大，皮肤白色，背上披着长长的黑发。"此外，据说在欧洲维斯杜拉河畔有一条美人鱼，她用优美的歌声战胜了害人的水怪。人们为了纪念她，就在河畔上的城市——华沙建造了一座美人鱼的铜像。美人鱼铜像一手仗剑，一手执盾，目光远眺，成为波兰首都的标志。

科学家们一直在找寻人鱼的踪迹。终于机会来了，一个 3000 年前的美人鱼的木乃伊被发现了。一队建筑工人在索契城外的黑海岸边附近一个放置宝物的坟墓里，发现了这一古尸。这个消息是由俄罗斯考古学家耶里米亚博士透露的。这具木乃伊看起来像一个美丽的黑皮肤公主，下面有一条鱼尾。美人鱼公主从头顶到带鳞的尾巴，长 173 厘米。死时美人鱼大概已有一百岁了。

此外新加坡《联合日报》提供的《南斯拉夫海岸发现 7.2 万年前美人鱼化石》的报道称：科学家最近发掘到世界首具完整的美人鱼化石，证实了这种神奇的生物的确存在过。化石保存得很完整，能够清楚看到这种生物有锋利的牙齿和强壮的双颌。奥干尼博士是一名来自美国加州的考古学家，在美人鱼出现的海域工作了四年。奥干尼博士说："她在一次'旅行'中被突发的海底滑坡埋在了泥石中，然后被周围的石灰石保护，慢慢成为化石。化石显示：美人鱼高 160 厘米，腰部以上像人类，头部发达，脑容量相当大，有利爪，眼睛和鱼类相似，没有眼睑。"

美国一家报纸于 1991 年也报道了这样一件事情：两名职业捕鲨高手在加勒比海海域捕到 11 条鲨鱼，其中有一条虎鲨长 18.3 米，当解剖这条大鲨鱼时，人们发现它胃中有一副奇怪的骸骨骨架，骸骨上身 1/3 像成年人的骨骼，但从骨盆开始却是一条大鱼的骨骼，特别神奇。渔民们将这副残骸移交给当地警方，验尸官对其进行检验，检验结果证实这是一种半人半鱼的生物。对于这副奇特的骨骼，警方又请专家进一步研究，并将资料输入电脑，根据骨骼形状绘制出了美人鱼的形状。这项工作的主持者美国埃惠斯度博士说：美人鱼并不是传说或虚构出来的生物，而是世界上确实存在的一种生物。

科威特的《火炬报》也报道：最近，在红海海岸发现在生物公园中生活着美人鱼。美人鱼的形状上半身如鱼，下半身像女人的形体，跟人一样长着两条腿和十个脚趾，但她已经窒息而亡了。

1979 年，苏格兰教师威廉·马龙在苏格兰的斯尼斯海滩散步时，突然看到海中露出一个裸体女性，头发为褐色，五官与女人近似，还有一对丰硕而漂亮的乳房。当其荡漾于水面时，能够很清楚地见到鱼尾。她在水面上浮游了四五分钟之后才消失。

这些目睹美人鱼的事件，在南太平洋、苏格兰、爱尔兰一带的海面以及北海、红海等地，都有大量的报道。

（2）海底的"类人怪物"

1958 年，美国国家海洋学会的罗坦博士在大西洋 4800 米深的海底，拍摄到了一些类似人的奇妙足迹。

1963 年，在波多黎各东面的海里，美国海军在进行潜艇作战演习时发现了一个"怪物"，它既不是鱼，也不是兽，而是一条带螺旋桨的"船"，在水深 300 米的海底游动，时速达 280 千米，其速度之快是人类现代科技所望尘莫及的。

1968 年，美国迈阿密城的水下摄影师穆尼在海底看到一个怪异的动物：脸像猴子，脖子比人长 4 倍，眼睛像人但要大得多。当那动物看清摄影师后，就飞快地用腿部的"推进器"游开了。

1973 年初，一个名叫丹·德尔莫尼的船长，在大西洋斯特里海湾发现水下有一条形似雪茄烟的"船"，全长 40 米~50 米，以 110 千米~130 千米的时速航行。船长怕与它相撞，千方百计地躲着它航行，而它却很"大方"，直奔该船而来。船长惊魂未定，它却悄然而过。

时隔半年，北约和挪威的数十只军舰，在凯恩克斯纳海湾发现了一个被称为"幽灵潜艇"的水下怪物。用多种武器攻击它，全无效应。当它浮出水面时，这多舰上的无线电通讯、雷达和声呐全都失灵，它消失时才又恢复正常。

在西班牙沿岸采海带的工人反映，他们在海底见过一个庞大的透明顶建物，而在美洲大陆边缘的渔民和海员也说见过类似的东西。美国专家认为它不像是某种国防设施。那么，这又是谁的杰作呢？

联想起美国海军上校亨利在百慕大三角区水下360米处发现的金字塔，以及美国探险家特罗纳在巴哈马群岛海域发现的"比密里水下建筑"，有人认为这是海底人用于净化海水的设备，甚至还有人猜测，这是海底人用来发电的电磁网络。难道，地球上真的有另外一种人存在？种种离奇的发现，不禁使人回想起发生在1938年的一件事：在爱沙尼亚的半明达海滩上，出现了一个"蛤蟆人"：鸡胸扁嘴、圆脑袋，当它发觉有人跟踪时，便一溜烟跳进波罗的海里，速度之快，使人几乎看不见它的双脚。

时隔半个世纪，在美国南卡罗来纳州比维尔市郊沼泽地区，多次出现一种半人半兽的"蜥蜴人"。他们身高达2米，有一对红眼睛，全身披满厚厚的绿色鳞甲，一只手仅3根手指，直立行走，力气过人能轻易地掀翻汽车，跑起来比汽车还快。目击者说，它是上岸的海底人。

面对这些稀奇的水下智能动物，美国科学家认为，它们既能在"空气的海洋"里生活，又能在"海洋的空气"里生活，是古人类的另一分支，因为人类起源于大海。

这是对达尔文得出的"人是由古代类人猿进化而来"的结论提出挑战了吗？是的。法国著名医生米高尔·奥登进一步强调，他根据自己多年来对水与人类的关系的研究认为，人类的祖先很有可能是水中的某种灵长类而不是猿猴。作为这一论点的根据，奥登列举了人与猿猴之间的许多不同点，这些不同点大部分与水有关。例如，猿猴厌恶水，而人类婴儿几乎一出生就能游泳，猿猴不会流泪，而海豚等哺乳动物有眼泪。

然而，持另一观点的人却认为，海底类人生物可能是另一支人类，因为这些智能动物的科技水平已远远超过了陆上的人类，它们很可能是栖息于深水之中的特异外星人。因为在与我们接触过的四种类型的外星人中，最常见的是"类人怪物"。

"类人怪物"平均身高 3.5 米~4.5 米，头部特别大，有两只又圆又大却没瞳孔的眼睛，没有耳朵，鼻子也只有两个气孔，嘴部没有唇只有一条鳞缝，无发无齿，手脚是带蹼的四趾掌。这些特征，与海兽何其相似。

据报道，1984 年 9 月，在西伯利亚奥比湾附近发生的飞碟坠落事件中，人们从现场救出 5 个"外星人"。他们个个浑身长满细细的鳞片，无嘴唇，身体其他部分同人类小孩相似。其中一个女性"外星人"生下的婴儿体重 1752 克，身高 0.5 米，上身鳞片很厚，头颅像蜥蜴，眼睛细小而黑，无鼻梁，但有一个鼻孔，肤色略显蓝色。

如果上述报道属实，那么就不难得出这些"外星人"与生活在海底的种族有关的结论。况且它们的智能也是人类远不及的。这些水下高智能生灵，很可能是外星人的某个种族。但这些海底的类人生物究竟是什么，还有待于科学家为人们揭开谜底。

（3）诡秘的海底坟墓

1980 年，在挪威沿海的一个荒芜的半岛上，进行了一场高难度的悬崖跳水表演。这个半岛三面环水，一面是山，悬崖下面海水深邃莫测。许多猎奇者为了观看这场表演，纷纷来到这里，坐在游艇上，等候着表演开始。

随着发令枪响，30 名跳水运动员飞下悬崖，做着各种空中动作，钻进大海之中。观看者目不转睛地欣赏着运动员的精彩表演。可是，几分钟过去了，半小时过去了，却不见有人露出水面。人们大为惊慌，运动员的亲属悲伤地哭了。表演的组织者派出救生船和潜水员寻找运动员，可是过了几个小时，连下海救生的潜水员也无影无踪了。

第二天，一名经验丰富的潜水员配戴安全绳和通气管下海探索。

当安全绳下到 5 米时，一股强大的力量将潜水员、安全绳和通气管以及船上的潜水救护装置全部拖进海底。表演的组织者又向瑞典方面求助，他们派来一艘微型探察潜艇来到这里。令人难以置信的是，这艘微型潜艇入海后也是一去不返。

在万般无奈的情况下，组织者请求美国派来了一艘海底潜水调查船，并由地质学家豪克逊主持调查工作。豪克逊在电视监视器前不停地搜索着海底。突然，他发现离船不远处有一股强大的潜流，在潜流中不仅发现了 30 名运动员、2 名潜水员的尸体和那艘微型潜艇，而且还发现海底有不少脚上拴着铁链的人的尸体。

豪克逊大为惊讶，他不敢目信自己的眼睛，但监视器录像机录下了这一奇景。

那么是什么原因导致运动员和潜水员不能返回水面而被淹死？那些脚上拴着铁链的尸体是从哪里来的？他们是些什么人？他们的尸体为什么没有腐烂？这些奇异现象成了难解之谜。人们议论纷纷，莫衷一是。

经过调查，豪克逊提出了自己的一些看法。他认为这里是暖流和寒流的交汇处，因而形成了一股强大的漩涡，把附近的人和物体都卷入涡心，带到水下。这里水质纯净，不具备各种生物所需要的微量元素，所以尸体未腐烂。至于那些脚上挂着铁链的尸体的来由，他认为，这个半岛曾经是一座大监狱，监狱看守们不断将死去的犯人投入海底，逐渐聚积了许多尸体。他还认为，半岛上的岩石能产生一种看不见的射线，使这里寸草不生，这可能是这座大监狱被遗弃的原因。但究竟是一种什么射线，豪克逊也没有搞清楚。

这只是豪克逊的一家之言。别的学者也有他们各自的见解。要想把海底坟墓之谜揭开，还要科学家们做进行大量的调查和研究。

（4）神秘的黑暗生物圈

俗话说"万物生长靠太阳"。没有阳光，生命似乎不可能存在。然而，美国科学家的一次海底考察打破了这一传统观念。

1997 年，一些美国科学家乘坐潜艇行驶在太平洋水下的一座海底山脊时，惊奇地发现：一些火山管正流出一种温度高达 350℃的黑色流体。在此附近的海域，他们发现了大量长达 1 米多的蠕虫，还有直径 30 厘米的巨蛤和一些奇怪的鱼。这是在 2630 米水深的黑暗的海底世界，这里水的压力要比水面上高 263 倍，水温也很高，竟然还有一个巨大的生物群。这就是深海的"黑暗生物圈"。

在 20 世纪 70 年代末，一些美国海洋科学家在黑暗的深海世界里，也发现过这种奇异的现象。那是在东太平洋海底近 100℃的高温环境下，他们发现了耸立在海底的"黑烟囱"，"黑烟囱"附近还生活着大量的动物和植物。据考察表明，生活在这些热液区的动物个体中，有长达 3 米，无消化器官，全靠硫细菌提供营养的蠕虫，还有特殊的瓣鳃类、蟹类等生物。近年，人们发现北冰洋的深海喷泉和墨西哥湾的海底热喷泉周围也有生物群，人们从各种海底喷泉周围已发现超过 600 种的新动物物种。

这些发现都生动地表明：在没有阳光的深海黑暗生物圈中，不仅有生命，而且还有大量的生物群。因而"阳光是生命必要条件"的理论开始受到质疑。

美国科学家正在加紧研制大型深海考察潜艇，并准备对深海热泉进行全面考察研究。同时他们还向国际社会发出呼吁：要求设立深海热泉自然保护区。

为了揭开深海的奥秘，中国"大洋一号"海洋考察船于 2005 年 4 月初出发，对太平洋、大西洋、印度洋进行深海考察，其主要目的是探索生命的起源、热液矿藏、深海资源，整个航程历经 300 天左右，取得了丰硕成果。

（5）神秘的"海底光环"

1973 年 11 月 6 日深夜，美国的雷蒙德·瑞安及其儿子在一条玻璃纤维压膜摩托艇上发现了水下不明物体。它的形状若降落伞盖的金属体，直径约 30 米，发着乳白色强光。

当瑞安父子驾艇向着水下亮光驶去时，亮光却渐渐暗下去。瑞安用桨板插入水中去够那发光体，对方无反应；当碰着它时，亮光就全熄灭了。水下发光体像跟他们捉迷藏，当摩托艇靠拢时，亮光黯淡；当摩托艇离开时，又重闪白光；当海岸警备队的汽艇开来时，不明潜水物就进入主航道向海湾潜航而去，未在水面留下任何痕迹。

这是当年最为轰动的一次不明潜水物事件。那么1973年为什么百慕大海区频频出现这种不明潜水物呢？看来这与当年不明飞行物"风潮"的出现不无关联。特别是10月~11月间，各界人士目击了几十个不明飞行物飞越百慕大"魔鬼三角"的南部及加勒比海的事实。它们有的潜入水中，有的则突然从水中冒出来。

早在1963年，百慕大海域波多黎各岛东南部水面下，出现过一个神秘的不明潜水物。美国海军派出一艘驱逐舰和一艘潜水艇先后到此追赶此物，可连续追赶了4天，还是没有追上，让它在海下失去了踪迹。在美国潜艇追踪过程中，发现对方有时竟能钻到8000米的深海沟中。

甚至在100多年前，英国货轮"海神"号就曾与不明潜水物相遇过。当货轮航行到非洲西部几内亚湾附近的海域时，船员们突然发现，在船头前方约100米处有一个巨大的怪物漂浮在海上，好像是一个巨型闪光金属物。当"海神"号向它驶近时，漂浮着的怪物竟没有溅起一点浪花，无声无息地潜入水底而且不见了。可是那时人类的潜水艇尚未问世。

近几十年来，地球各大洋水域都曾出现过不明潜水物的活动。而且不明潜水物的存在形态也是多样化的。1967年3月与10月间，在亚洲东南部的泰国湾，先后5次出现"闪闪发光的海底巨轮"现象。当时许多光带飞速从水下穿过，像是从一个旋转的中心光源中辐射出来的一般。我国"成都"号远洋轮的船长曾两次亲眼目睹到这种奇特的"海底光轮"。

对于这样一种直径达数千米的、能够像性能良好的机械那样运转的有组织的"活"的机体，有的科学家认为是"智慧现象"，而有的科学家虽然不认可，但是也提不出其他更有说服力的证明。

这样看来，要想真正揭开这些"海底光轮"的神秘面纱，仍然需要科学家的进一步考察。

（6）海洋中出现的飞碟

空中的"飞碟"一直受到人们的关注，而海洋中的"飞碟"却鲜为人知。其实，据统计大海深处的"飞碟"已发现了340多个。

1967年秋，美国的"阿尔文"号潜艇在大西洋百慕大执行海底考察任务。当潜艇潜至80米深度时，一股暗流袭来。艇身剧烈晃动，尔后就像陀螺一样在水底打起转来。这种突如其来的反常水纹现象，使"阿尔文"号艇长C. 杰克逊惊出一身冷汗：难道"阿尔文"号要在百慕大海底失踪遇难？随后，他又冷静地从监控室内的监视器上发现，"阿尔文"号莫名其妙的闯入一团与海水完全不同的异常液体中。C. 杰克逊艇长立即下令潜艇紧急上浮。当"阿尔文"号浮至水面时，发现底下有一个直径达500米，厚度约60米的异常液体圆盘在快速打转，并慢慢向潜艇方向潜去。难道"阿尔文"号遇上了海中"飞碟"？

无独有偶，前苏联的一艘核潜艇也遇到过这种海中"飞碟"事件。1972年，北约组织在南太平洋举行海上军事联合演习，前苏联为了刺探军情，派出了一艘代号叫"WTO"的核潜艇跟踪北约联合舰队。当这艘核潜艇进入南太平洋后，便在离海面90米的恒定深度上潜行。这时，核潜艇受到一股神秘力量的控制，绕着直径约3000米的圈子打转。艇长米里奇·弗维·洛斯基命令潜艇加大马力闯出圈子，结果枉费心机，核潜艇总是摆脱不了这股神秘力量的控制，连续绕了5个圈后，洛斯基命令潜艇下潜50米，但潜艇在140米深的水中仍旧打圈。无奈，洛斯基只得命令潜艇上浮。当潜艇在离水面只有20米时，这种打转的现象才消失。据洛斯基事后回忆说，他当时确实怀疑潜艇遇到了"飞碟"。

目前，科学家经过考察已经解开这个谜团。海中"飞碟"大多诞生于大江、大湖和大河的入海口处。当比重和性质迥然不同的水与海水相遇时，可能出现互不相容的场面，彼此就如"井水不犯河水"一样互不侵蚀。在海洋深处以各自不同的速度打转。

这些在海中出现的"飞碟"的规模要比空中飞碟大得多。在大西洋中发现的一个"飞碟",直径达 80 公里,它往海洋中飞速旋转时,竟"吞进"了大量的鱼虾,使这些鱼虾长时间昏迷不醒,直到死亡。因此,有些科学家认为,在大西洋百慕大神秘失踪的船只和潜艇,有一部分可能是由海中的这种"飞碟"造成的。

(7)销声匿迹的海上沉船

船行驶在海洋中,随时都会遇到危险,像突然而来的风暴、暗礁、冰山等潜在的危险等。但这些人们能预料到的危险还并不可怕,最可怕的是航船会莫名其妙地沉入海底,而且不留一丝痕迹,这些令科学家束手无策。

人类的航船在茫茫大海中突然消失的现象真可谓是屡见不鲜。至今,科学家们还无法对此作出一个准确的解释。

近来,国外研究人员有一种新的说法。他指出美国密西西比州大学物理学家布鲁斯·迪那多发表了这样的观点:"百慕大地区"船只失踪的原因,很可能是海底沼气突然爆发产生的大量气泡造成的。为了证明自己的观点,他曾在佛罗里达州布拉登顿附近的海边人工炮制了一起"百慕大"事件:一艘重达四吨的游艇,被人为制造出来的海底气泡生生"吞没"了!大海深处有一种甲烷,它在巨大的压力作用下会变成固体,而这些像冰一样的甲烷沉积物在上浮时会折断变成气态,在海面上形成巨大的气泡,船舶一旦靠近,就会危及它的生存。

而且布鲁斯·迪那多认为:在"百慕大"三角地区冰冷的海床底下,藏有大量的甲烷结晶。当海床变暖或发生海底地震时,这些沼气结晶便会被震翻出来,并迅速汽化释放出水面,而这些巨大的沼气泡沫可以使周围海水的密度降低,失去原有的浮力。如果此时正好有船只通过,就会因浮力不足而像石头一样沉入海底。

澳大利亚的研究人员也支持这一观点,默纳西大学的梅和莫纳汉指出:他们已经证明了从这些沉积物中冒出的气泡是怎样使船舶下沉的。梅和莫纳汉曾在美国物理杂志上发表的报告中称,通过声呐监测北海(英国和欧洲大陆之间)海底,发现了大量的氢氧化气体和喷发场所。最近在称之为女巫洞的一个特别大的气泡喷发场所中央就发现了一艘沉船，而造成沉船的其中一个原因就是船舶航行到了水下释放出甲烷气泡的地方时失去了浮力。把船舶最后所处的位置与船舶在女巫洞中的位置联系起来，人们就完全可以支持气泡理论。

然而尽管从理论上看这一观点确有可信度，但至今仍没有人看见过那些大的气泡喷发。而海底沼气理论也许可以解释"百慕大地区"的沉船之谜，但百慕大上空飞机失事的原因却一定不在此。所以，对于海上沉船这类事件科学家们仍需作进一步研究。

（8）不可捉摸的幽灵潜艇

在第二次世界大战的后期，日本联合舰队和美国航空母舰"小鹰"号数度遭遇到一艘神秘潜艇的跟踪。但每当他们发现并准备采取行动时，这艘潜艇就消失得杳无踪迹。

在太平洋战争中，日美双方海军激烈大战之时，神秘潜艇也曾出现过几次。但它并未卷入战事，而是对落水的双方水兵采取救援行动，颇有国际红十字会之风。这艘潜艇的速度和反应是当时所有船只都难以比拟的。因此，美国海军称之为"幽灵潜艇"。

等到第二次世界大战结束，美国海军上即动用太平洋舰队的全部潜艇，在南太平洋水域4次搜寻"幽灵潜艇"。苏联海军也闻风而动，派出大量潜艇在太平洋、大西洋细细搜索。但是搜寻历时1年，却无结果。而且美、苏两国海军为此付出巨大代价：他们各有两艘与三艘先进的潜艇失踪。

到了20世纪60年代末，"幽灵潜艇"又频频出现在太平洋和大西洋的广大水域。一次，美国"企业"号核动力航空母舰在南太平洋发现被跟踪，正待作出反应之际，对方又悄然消失在声呐和检测仪的定位之外了。"企业"号派出数架反潜直升机到处捕捉，终空手而归。

苏联舰队也遇到同样情况。这样，美、苏双方便都怀疑是对方侦察潜艇。但其动作如此敏捷，则又令双方咋舌和不服气。六七十年代美苏两国在海军潜艇上的研制与扩充比赛，"幽灵潜艇"起了很大作用。

1990年，在瑞典和"北约"海军举行的一次海上军事联合演习中，"幽灵潜艇"竟大大咧咧地招摇过市，引来了一场大围剿。10多艘潜艇与巡洋舰在凯恩克斯纳海湾排成梳篦阵势，炮弹、深水炸弹与鱼雷将这里变成一片喧嚣的战场……最终却是"北约"海军扫兴而归。因为"幽灵潜艇"将他们痛快地耍了一回。

时隔1年，"北约"海军又在比斯开湾举行演习。这回"幽灵潜艇"又目中无人地出现在"北约"视野。可是，令"北约"指挥人员奇怪的是：他们所有军舰上的无线电通讯、雷达、声呐仪等全部失灵。待到"幽灵潜艇"消失后，一切才恢复正常。这令"北约"海军干着急，有劲使不出。当"幽灵潜艇"消失后，"北约"海军还试着向消失的方向发射了几枚"杀手"鱼雷，这是当时最为先进的武器，能自动追击目标，百发百中。可是一出膛，鱼雷却向海底来了个90度的"倒栽葱"。看来，"幽灵潜艇"仍在附近制约着"北约"海军，捆绑着它的手脚。

于是，"北约"军事研究人员提出了一个猜想："幽灵潜艇"是外星人派到地球的不速之客。

那么"幽灵潜艇"在地球的水域里有无基地呢？按常理是该有的。那么，这基地又在哪里呢？有人说，是在百慕大三角区接近巴哈马群岛的海底下。

1985年，美国水下探险家在巴哈马群岛附近水下1000米深处发现一座庞大的水下建筑，里面似有机器在轰鸣。

1993年7月，美、法两国专家调查队在这一片水域还发现一座巨大的海底金字塔。塔的底边长300米，高约200米，塔尖距离海面100米。金字塔上还有两个巨大的洞，水流以惊人的速度奔流出入，使这一带海面雾气腾腾，波诡云谲，有不少人说，作为"魔鬼三角"的百慕大，之所以有许多飞机、船只在此丧命，海底金字塔应难辞其咎。

研究"幽灵潜艇"的人则说，海底金字塔正是"幽灵潜艇"的最佳基地。那上面的两个巨大的水洞是"幽灵潜艇"出入的所在。

俄罗斯的一些研究者认为，仅从"幽灵潜艇"及其基地来看，其拥有者的智慧便高出地球人许多。何况"幽灵潜艇"并未攻击过人类，而是人类不断地攻击过它，但它也从不还击。这说明驾驶"幽灵潜艇"者的道德文明也远高出于人类。

据前苏联军方的档案资料，在北极地区内，"幽灵潜艇"时常与"不明飞行物"——飞碟（UFO）配合行动，海空呼应。20世纪60年代末，在前苏联北极圈内的科拉半岛附近的海域，发现1艘"幽灵潜艇"被冰层封冻住。苏军以为是侵入国境的美国潜艇，遂派出大量战机前来俘获"侵略者"。就在这个时候，飞碟赶来了。苏军的通讯、雷达、各种仪表全部停止运作，飞碟从空中自由降落，飞向"幽灵潜艇"，帮助破冰开路，使"幽灵潜艇"获得解脱。

这一情景，终使苏军有所醒悟："幽灵潜艇"乃外星人的杰作，并非美国入侵者。

鉴于"幽灵潜艇"从不犯人的道德水准，美国海军情报局的亨利·罗德上校认为，美国和前苏联等国因追踪"幽灵潜艇"以及因航行百慕大海区而失踪的舰船、飞机以及上面的人员，不过是当了外星人的俘虏而已，他们总有一天会平安回来的。

一些研究者认为，在大洋深处，长期以来就一直生活着一支具有高度文明、高度智慧的生物。它们不是外星人，而是地球人的最亲密的邻居，也可以说是地球人的一种类型。而百慕大三角的大金字塔，不过是他们在海中建造的发电用的电磁网络。持这种观点的研究者还强调：人类起源于海洋，现代人类的许多习惯以及器官明显地保留着这方面的印痕。如喜食盐，身上无毛，会游水，海生胎记，爱吃鱼腥等。这些特征是陆地上的哺乳动物所不具备的。当人类进化时，很可能分作陆上、水下两支。上岸的就是人类，水下的则被称作"海妖"。而"海妖"却造出了人类不能造出的"幽灵潜艇"。

研究者还认为，要全面揭开百慕大三角与"幽灵潜艇"之谜，只有等到人类与"海妖"的科学文明甚至道德文明相接近、相沟通时方可。可是这一天的到来要等多久呢？需知人类在进步，"海妖"也在进步啊！说不定进步的速度还快于人类呢！

（9）深埋海底的城市

人们相信，在海底深处曾有一些远古的王国，这些王国原本是存在在陆地上的，但不知是什么的原因，它们逐渐被海水淹没了。可是那些城市被海水淹没以后去了哪里呢？人们一直在寻找它们的踪迹，但直到现在也无人知晓，因此，许多人怀疑海底古城存在的真实性。

虽然毫无事实上的证据，但许多英国人都相信：在英国四周的海域里，曾有三个繁荣的古王国被海水淹没了。

第一个被海水淹没的王国叫蒂诺·哈利哥。据说此王国位于英国圭内斯北部不远的地方，即今天的康韦湾海域。传说它很可能是在公元6世纪之前被海水吞没的，而吞没的原因是由于统治者的罪行所致。传说这个国王犯了大罪，结果有一天，海面掀起巨浪，很快淹没了这个离海岸很近的王国。几乎所有的人都被淹死了，只有国王和他的儿子得到上帝的宽恕，免于一死。

第二个"消失"于海水中的王国位于英国的卡迪根湾。几个世纪以来，威尔士海沿岸的居民坚持认为：在落潮时，可以看见海面下有一座古代王宫废墟。但是，1939年有关部门对这一海域进行调查的结果发现：方圆两万平方米的海底，不是人工所造，而是一片天然礁石群，它被淹没的确切时间是铁器时代。

第三个被海水淹没的城市位于一个叫地角的地方，大约在地角西约8千米处，有一个叫"七块石"的地方，它一向被康沃尔郡的渔民称为"城镇"。这也是历史上昌盛的里昂纳斯王国首都的遗址。很久以前，锡利岛至康沃尔郡这一带是连成一体的，在这片陆地上建有大大小小的村落，约有一百多座教堂，经济文化十分繁荣。后来，大约在公元5世纪，海水侵入了里昂纳斯，大片的村落和教堂被淹没。当时，一个叫特里维廉的人，可能事先有预见，举家迁到康沃尔郡，成为这里的第一批定居者。16世纪时，当地的渔民用网捞起了据说是里昂纳斯人用过的生活用品，于是有更多的人相信这个王国的存在。

这三个传说流传地很广，但是否真有其事，我们尚不清楚，唯一可以肯定的一点是：这三个地区，确有部分海面原先是陆地，而且，在锡利群岛和古岛之间被海水淹没的浅滩上，还有康沃尔和威尔士的海底，都曾发现过人类居住的遗迹。人们推断：在这片遗址上居住的先民们，的确由于某种现在无法知道的原因，因居住区被海水淹没而不得不迁移到其他的地方。所以，这些传说也不完全是捕风捉影的。另外，2001 年在海底的一尊令人叹为观止的古埃及神灵哈皮被发现了，他是在一座被毁坏的叫赫克雷恩的古城里被找到的。这尊花岗岩神像约 5.8 米高，6 吨重，是肥沃和营养的象征。探险队队长弗兰克·戈迪奥说："这是在埃及发现的最大神像之一，这尊神像非常完整，没有任何损坏和失落。"

2003 年一个阳光明媚的日子里，"杜达公主"号探险考察船上的队员们把一根光缆放进了离埃及海岸 6.4 千米的地中海海底，在约 9 米深的水下，带着轻型潜水呼吸器的潜水员从淤泥掩盖的毛石建造的赫克雷恩游过。这座古城是 1300 年前像神话中的阿特蓝提丝岛一样突然消失在海底的。

但赫克雷恩的古城并不是神话。两年前，这些潜水员就已经确定了阿布柯里这座异常完整的城市。如今他们正用吊车起吊这些庙宇神像和那些在淤泥深层找到的刻着图案的石头。把它们吊到水面，这艺术品就会在千年后首次沐浴到阳光。

根据历史记载，豪华和美感曾是赫克雷恩和卡努普斯这两座城市的特点。这两座城市既是宗教庙宇之乡，也在异教徒庆祝狂欢节的活动中扮演了主人的角色。寻找契机的人从希腊、罗马和亚历山大港乘船来到这里……

在卡努普斯，克利奥帕特雷七世经常和马克将军一起掌管朝廷，以致引起了罗马的政治狂怒。

关于这两座城市的最大秘密，就是究竟是什么使它们沉没的？一些科学家把这归咎为地震，还有些科学家的理论是海啸引起了这两座城市的沉没。但终究还是没有定论。

（10）寻找传说中的诺亚方舟

《圣经》中有这样一个故事已经家喻户晓了。上帝为了惩罚人类的放荡不羁和犯下的不能容忍的错误，决定用一场洪水将人类毁灭，然后再重新建造一个新的种类。当时，上帝看到一个叫诺亚的人心地还算善良，于是决定帮助他和他妻子，让他们避开这场灾难。他让诺亚制造一艘巨大的船，当洪水来临的时候，里面可以装上各种动物，但是只能每种雌雄各7只，然后带上妻儿一起乘船离开。诺亚费了很大力气造好了船。天上果然下起了大雨，洪水将人类的一切都毁灭了。方舟在一片汪洋之中漂到了阿美尼亚的艾亚特拉山顶。40天的大雨过后，诺亚一家及所带动物从方舟出来，重新改造洪灾劫后的世界，而诺亚所造的方舟，就留在了艾亚特拉山上。

6000多年来，人们一直在为是否有诺亚方舟而进行着激烈的争论。

坚决不相信诺亚方舟存在的人认为，艾亚特拉山海拔5185米，如果洪水真的将它都淹没了，那水到哪里去了呢？大水不可能在如此短的时间内全部渗入到地下去了。而且经历过水灾的地面绝对不会是现在的样子。而且诺亚方舟真的装得下那么多动物吗？诺亚一个人能够造那么大的船吗？

但是相信它存在的人，一直都在寻找。终于，1883年，一次大地震使艾亚特拉山脉的一个冰川地段开裂了，有人说看到开裂处露出了一条市船，船体的大部分还嵌在冰里。30多年后，一战期间，俄国飞行员在飞越艾亚特拉山上空时发现山顶有一艘很大的船体，他拍下了照片。沙俄政府根据他的报告，马上派出两个连的兵力去寻找方舟。1个月后，士兵们找到了，方舟里有几百个房间，有些交叉的木块做成的大栅栏，这些房子前面还有一排排铁栓……他们拍摄了大量照片。1995年7月，法国的琼·费尔南·纳瓦拉和他的儿子又从艾亚特拉山的冰川中找到方舟残片，带回一块木桩。

人类的寻找还在继续，当答案出现的那一天，便是奇迹出现的那一天，也就是揭开了《圣经》故事真相的一天。

2. 神秘诡谲的黑竹沟

在四川盆地西南的小凉山北坡有个叫黑竹沟的地方，这里古木参天，箭竹丛生，雾气重重，遍布幽谷。多年以来，一直被人们称之为"魔沟"、"中国的百慕大"。黑竹沟前一个叫关门石的峡口，相传一声人语或犬吠，都会惊动山神摩朗吐出阵阵毒雾，把闯进峡谷的人畜卷走。自 20 世纪中叶开始，这里发生着一桩桩奇事。

1955 年 6 月，解放军测绘兵某部的两名战士，取道黑竹沟运粮，结果神秘地失踪了。部队出动两个排的人搜索寻找，一无所获。

1977 年 7 月，四川省林业厅森林勘探设计一大队来到黑竹沟勘测，宿营于关门石附近。身强力壮的高个子技术员老陈和助手小李主动承担了闯关门石的任务。第二天，他俩背起测绘包，一人捏着两个馒头便朝关门石内走去。可是到深夜，依然久久不见他俩回归的踪影。从次日开始，寻找失踪者的队伍逐渐扩大。川南林业局与邻近的峨边县政府联合组成的百余人的寻找失踪者的队伍也赶来了。人们踏遍青山，找遍幽谷，除两张包馒头用过的纸外，再也没有发现任何蛛丝马迹。

1986 年 7 月，川南林业局和峨边县又再次联合组成调查队进入黑竹沟。因有前车之鉴，这次，调查队作了充分的物资和精神准备，除必需品之外还装备了武器和通讯联络设备。由于森林面积大，调查队入沟后仍然只好分组定点作业。副队长任怀带领的小组一行 7 人，一直推进到关门石前约两公里处。这次，他们请来了两名彝族猎手做向导。当关门石出现在眼前时，两位猎手不愿再往前走。大家好说歹说，队员郭盛富又自告奋勇打头阵，他俩才勉强继续前行。及至峡口，他俩便死活不肯再跨前一步。经过耐心细致的说服，好容易才达成一个折中的协议：先将他俩带来的两只猎犬放进沟去试探试探。第一只灵活得像猴一样的猎犬，一纵身就消失在峡谷深处。可半小时过去了，猎犬杳如黄鹤。第二只黑毛犬前往寻找伙伴，结果也神秘地消失在茫茫峡谷中。两位彝族同胞急了，不得不违背沟中不能"打啊啊"（高声吆喝）的祖训，大声呼唤他们的爱犬。顿时，铺天盖地的茫茫大雾不知从何处突然涌出，9个人尽管近在咫尺，彼此却根本无法看见。惊异和恐惧使他们冷汗淋漓，大气不敢出。大约五六分钟过后，浓雾又奇迹般消退了。队员们如同做了一场噩梦。面对可怕的险象，为确保安全，队员们只好返回。

黑竹沟，至今仍笼罩在神秘之中，或许只有消失在其间的人才知道它的谜底。只是人们至今尚无法找到这些人。

3. 冷热颠倒的地域奇观

天道运行，四季交替，冬冷夏热，这是大自然正常的现象。可是偏有些地方违背了这一自然规则，居然出现了"冬热夏冷"的反常气候现象。在中国境内就有两处冷热颠倒的地域奇观。

其中一处在中国辽宁省东部山区桓仁县境内。这个神奇地带横跨浑江两岸，起始于沙尖子满族镇政府驻地南1.5千米处的船营沟里，并一直延续到宽甸县境内的牛蹄山麓。炎热的夏天，其他地方气温高达30℃时，这里的温度却开始逐渐下降。更为反常的是，在地下1米的深处，温度居然降到了零下12℃，简直是一个冰冻的世界。夏天过去了，其他地方温度逐渐下降，而这里的温度却开始逐渐上升。当其他地方天寒地冻、大雪纷飞的时候，这里却温暖如春。

桓仁县境内的这个神奇地带就是一个地温异常带，其中，船营沟一个长约1千米、宽不足20米的小山岗是这个地温异常带冷热颠倒最明显的地方。夏天，这里是一个自然冰箱，而到了冬天的时候，这个冰箱又变成了一个自然温室。

国家地震局、冶金部、辽宁省、本溪市和桓仁县的地质部门及新华社等新闻单位，曾多次派人来这里进行实地考察，进行一系列的仪器测试，并对其成因展开学术讨论。有人认为，这里的地下可能具有庞大的储气构造和特殊的保温层，使地下可以储存巨量的空气，而且使地下的温度变化比地面慢得多。冬季，冷空气不断进入储气构造，可以一直保温到夏季才慢慢出来；而夏季进入的热空气又至冬季才慢慢释放出来。也有人说，由于特殊的地质条件，这里的地下可能有一冷一热两条重叠的储气带，始终在同时释放冷热气流。遇到寒冷季节时，冷气不为人发觉，而热气惹人注目；遇到暑热季节时则寒气变得明显。还有人猜测，大概这里的地下庞大储气带上没有会自动开闭的天然阀门。冬天吸进冷气，放出热气；夏天吸进热气，放出冷气……众说纷纭，莫衷一是，没有定论。

除此之外，在河南林州石板岩乡西北部，太行山海拔1500米的半山腰上，也有一处类似辽宁桓仁县的地温异常地，当地人称之为"冰冰背"。

冰冰背位于高山脚下的山沟之中，这里3月开始结冰，冰期长达5个月。夏季，外界暑热难耐，这里却是寒气逼人。每年的6月至8月间，在石缝或石洞中甚至有冰锥向外生长，到了立秋以后，这些冰块渐渐消退，寒气减退。寒冬腊月，巍巍的太行山已经被白雪覆盖，可是冰冰背却变得异常温暖——从乱石下溢出的泉水，温暖宜人，而从石缝中冒出的雾气能迅速融化飘落在这里的雪花，山石间甚至还有青草和正在开放的小花。

人们经过对地质、地球物理的调查后初步认为，冰冰背之所以出现冬热夏冷的情况，和它所处的特殊地理位置有关。由于受到太平洋板块运动的影响，太行山地底下的岩层受到了极大的挤压，其地壳深处的气体被压缩上升。而冰冰背刚好位于断裂带上的石英岩和页岩的交界处附近，地壳深处高压气体沿着断裂上升，刚好从这里将气体排除。地壳深部经压缩后的气体上升到地表后，吸热膨胀，致使空气的温度降低。而夏季的时候，天气炎热，气压较低，地下上升气流速度大，制冷效果明显。这个说法颇具说服力。

关于上述这两处地温异常带，人们也有不同的猜测。

虽然很多观点都有道理，不过都还未经论证，因此，这种冷热颠倒的地温异常带依然是个谜。揭开这一谜底还要继续研究论证。

4. 神秘奇异的北纬30°

如果沿着北纬30°旅行，沿途都是地球上最神奇的地方和最奇特的景观。在北纬30°这一地带，自古至今发生了许多难以解释的现象。

我国的长江、美国的密西西比河、埃及的尼罗河、伊拉克的幼发拉底河等大江大河的入海口都在北纬30°线附近。这一地带穿越世界最高的地方：青藏高原和喜马拉雅山；也穿越世界最深的海沟：西太平洋马里亚纳海沟；经过著名的埃及金字塔、撒哈拉大沙漠以及传说中沉没的大西洲；还要经过大西洋上神秘莫测的百慕大三角区；我国黄山、庐山、峨眉山等地。

这个地带也是全球火山爆发和地震最为频繁的地区之一，我国西藏和印度北部都是地震多发区，在大洋彼岸的美国西海岸也是如此。

据统计，仅西藏地区大于8级的地震就发生过4次，7~7.9级地震11次，6~6.9级地震86次。在历史上，恐怕没有一个地区像百慕大三角区那样出现过那么多的事故：飞机失事、船只消失、人员失踪。从18世纪起，发生在这一地区有确切记载的飞机、船舶遇难事件已超过上百起。

地球的北纬30°地带真的有什么魔力吗？为什么地球种种神秘奇异的事件经常出现在这一地带呢？

为此，科学家进行了长期的研究，并给出了种种解释。

地球物理学家们认为，沿着北纬30°发生的种种神秘现象的起因可能是地球磁场、重力场和电场以及其他物理量的差异所致。

地质学家们认为，青藏高原目前正以每年几至十几毫米的速率上升。全球地壳的厚度平均为 35 千米，而青藏高原的地壳厚度达 70 千米，这就意味着青藏高原及其周边地区将成为全球构造形变最为复杂、地壳运动最为剧烈的地区。

随着地壳运动的变化与新的生成，地幔物质从地球深部不断涌出，海底的火山和地震活动非常频繁，不难理解，处在印度洋板块与亚欧板块相撞部位的青藏高原为什么成为全球最为活跃的地区之一。

今天，人类认识和了解北纬 30°这一神秘地带，把对青藏高原的研究作为重要的突破口，因为百慕大三角区处于北大西洋西部，开展海洋地质和海洋地球物理调查会面临许多困难。从 20 世纪 90 年代起，人们加强了青藏高原从浅部到深部的地球物理研究，通过大量爆破产生的能量，以地震波形式穿越地壳和上地幔，从而得到来自青藏高原地下深处的大量有价值的信息，奏响了揭开地球第三极及其整个北纬 30°神秘地带面纱的前奏。

十三、被遗忘的世外桃源

椰林树影，水清沙白，蓝天白云，阳光拍岸，美景与浪漫轻轻搅动着闲适的时光。人间天堂，其实并不遥远。夜阑人静的时候，你是否为终日繁重的工作感到心力交瘁，梦想着能够抛开尘世的纷扰，在那梦幻般的世外桃源里，奢侈地享受岁月的宽容、自然的仁慈。那么，何不逐着阳光的脚步，到梦幻般的世外桃源尽情畅游，融入一个多彩的世界。

1. 涤荡心灵的净土：法国的瓦娜色公园

巴黎、塞纳河、埃菲尔铁塔，每个名词，都会让你醉生梦死。然而，在法国，美与浪漫，并不仅仅只关乎上述几个风靡世界的名词。其实，你最不该错过的是那些世外桃源，比如隐居在阿尔卑斯山脉的瓦娜色国家公园。

每处国家公园都拥有自己的故事，或精彩或寂寥。瓦娜色，就像莫奈笔下的油画一样，饱含奇异的色彩和略带忧伤的音色，充满了说不尽的缱绻和氤氲。

闲逛瓦娜色，你需要给自己充足的时间，这犹如美国黄石公园般妙不可言的西欧国家公园，并非三言两语就能打发的。但和黄石的气势逼人不同，瓦娜色更温柔体贴。整个国家公园的基调是午后日光的暖春黄，步入其中，从一座山峰走入一个丘陵，滟滟的花朵大块大块地盛放，从山石上一路倾泻下来；篙草做大背景，微风在四周暖暖地吹。这时候如果再来一杯法兰西咖啡，简直就可以梦回左岸，邂逅一场顶级的浪漫。

园内最引人注目的，还有由 3 块冰块组成的巨型冰瀑。这冷色调的庞然大物，和周围暖色调的景致混搭在一起，显得既奇异又融洽，既豪迈又细腻。

来到瓦娜色，把记忆放轻，将这山，这水，这涤荡心灵的净土，带回都市。

2. 欧洲的原始之乡：芬兰的拉普兰

在北欧芬兰，有一个叫拉普兰的地方，那里是一片神奇迷人的土地。它位于北极圈内，特殊的地理位置和严酷的气候条件令它至今依然保持着天然、宁静、粗犷、壮美的风姿。辽阔的荒野、清新的空气、纯净的冰雪和质朴的人情风俗，使它成为芬兰最重要的观光景点。无数的游客为其神秘的景色所吸引，络绎不绝地前往这里游览，因此，它被来自世界各国的游客赞美为"欧洲最后一片原始之乡"。

拉普兰拥有独特的地理环境，有 3/4 的区域都处于北极圈内，使得这里拥有漫长而寒冷的冬季。这里的冬季长达 8 个月之久，从每年的 10 月份开始，一直到第二年的 5 月，拉普兰都会处于一片冰天雪地之中。来到这里你会有置身童话世界之感，而苍莽的森林和清澈的河流全都被皑皑白雪所覆盖，仿若一片静谧与安宁的梦幻世界。同时这里也是滑雪者的天堂。在每年的夏至前后，拉普兰人还可以亲自感受到极昼的魅力，太阳挂在天空恋恋不舍，始终不肯下落；而在每年的冬至前后，拉普兰人又会被天空中 24 小时始终闪耀的星光所吸引，度过一个美丽的极夜。

身材矮小、皮肤棕黄的拉普兰人是生活在拉普兰地区的土著人，他们与亚洲人有些相似，长有浓密的黑发和高高的颧骨，拉普兰人世世代代和驯鹿为伴。驯鹿是拉普兰最具有代表性的动物，也是拉普兰人最重要的生活伙伴。驯鹿全身上下从毛皮到骨头都和拉普兰人的生活息息相关，最初的拉普兰人依靠驯鹿拖家带口地在北极荒芜的苔原上过着半游牧式的生活。现在的驯鹿为拉普兰的旅游事业增色不少。

随着经济的发展，现在的拉普兰人放牧的手段也已经开始和世界接轨了，他们甚至会驾驶着自己的直升飞机在空中看管鹿群。拉普兰人手工技术精湛，随便拿起一块桦木或者鹿皮，就可以制作出一件精美的工艺品。

在拉普兰地区有天然的巨大滑雪场，可以自由自在地滑翔。

如果游人选择冬季来到拉普兰游览的话，那么乘坐驯鹿雪橇可是必不可少的完美体验。坐上驯鹿拉的雪橇，闭上眼睛，任由雪橇在雪地和树林间穿越而过，聆听风的声音也是一种特殊的体验。

拉普兰人经常戏称拉普兰是圣诞老人诞生的地方。拉普兰随处可见和圣诞老人有关的痕迹，其中有一栋著名的"圣诞老人村"。圣诞老人村其实是一组木建筑物群，北极线恰好从村庄中穿越而过。村庄里设施齐全，有居所、餐厅、礼品店等，还有一个大驯鹿园和圣诞老人的邮局，游人可以在村庄里与圣诞老人合影、交谈，在圣诞老人邮局里购买独具特色的贺卡和礼品。任何一封从邮局寄出去的信件上都会盖上一个特别的圣诞老人邮局的邮戳，这可是孩子们最为期盼的礼物。

3. 桃园深处的苍凉：美国的卡特迈

卡特迈国家公园落寞地矗立在美国阿拉斯加南海岸，它没有一条与外界相通的公路，如同茫茫大海中一座神秘的孤岛。

卡特迈占地 1.9 万平方千米，茂密的森林与苍凉的荒原在这片土地上共存着。最著名的景观是遍布于荒原中的火山运动遗迹，而最有代表性的标志就是世界上数量最多的棕熊。

1912 年，这里曾爆发了一次彻底改变卡特迈地貌的大灾难。持续了一星期的强烈地震后，诺瓦拉普塔火山突然爆发了，那声势和破坏力如同投下了一枚原子弹，方圆数百千米部可以听到喷发的巨大轰鸣声，数千吨的火山灰冲向万米开外的高空，遮云蔽日，这是历史上有记载的 3 次最强烈的火山喷发之一。整个山顶在瞬间被掀去，形成了巨大的火山口湖。然而一座火山的毁灭却是伴随着一处新景点的诞生，火山喷发 4 年之后，人们却惊奇地发现了剧烈破坏之后产生的地质奇观——今日卡特迈最神奇的万烟谷。

火山爆发后特有的尘暴景象袅袅不散，让人如坠仙境，腾云驾雾，"万烟谷"由此得名。万烟谷覆盖了 40 多个大大小小的山谷，所有的山谷至今还被厚达 200 多米的火山灰覆盖着，游客可以看到被厚重炽热的烟灰炭化了的动植物。数万个喷气孔和烟柱缓缓地升腾着浓烟，有的气柱高达近 400 米，四下弥漫着，形成了一个巨大的烟雾层。阳光顽强地穿越烟雾的缝隙，光线与烟尘的颗粒纠结缠绕着，形成无数条色彩斑斓的彩虹。被五彩的烟雾包围着，一切景色都朦胧了，似乎身在通往桃源仙境的时空隧道。

虽然距离那场大灾难已过去近百年，但万烟谷依然常年笼罩在水汽与火山烟灰中，如它最初被发现时那般苍凉。万烟谷有一条冰冷灰白的陡坡。站在那里俯瞰火山口，可以看到明净碧蓝的火山口湖，一汪碧水如宝石般闪烁着迷人的光芒，令人不舍得离开视线。万烟谷后面，是山峰、河流和森林峡谷组成的卡特迈原野，大地的地洞和缝隙中仍然在喷射着水蒸气，提醒人们不要忘记这里曾经的涌动。

如果说万烟谷是卡特迈最著名的景观，那么棕熊和鲑鱼可以称得上是卡特迈最有代表性的动物了，正是他们吸引了大量肯花高昂的价格置办行头来摄影和垂钓的人们。

卡特迈是世界上最大的阿拉斯加棕熊保护区，2000 只以上的棕熊在此安居乐业。它们的体型庞大臃肿，动作却极为灵活。它们在广袤的山林中奔走，在崎岖的山谷间爬行，在幽深的河水里捕鲑鱼。整个春夏两季，棕熊们都聚集在布鲁克斯瀑布口，这个季节里水中满是从大海回游的鲑鱼，肥美鲜活。聪明馋嘴的棕熊们怎么会放过这个绝佳的捕食良机。

卡特迈的风光称不上是最美丽的，甚至很多地方都带着一种苍凉的粗犷，但正是这种毁灭之后的别样美丽，在人们心里滋生了一种奇妙的共鸣，那本是人类对原始的野性最本能的追逐。

4. 冰清玉洁的海岛：丹麦的格陵兰绿岛

格陵兰，丹麦语意为"绿色的土地"。公元 982 年，有一个叫"红发"埃里克的诺曼人，和一伙喜好冒险的人从冰岛出发，试图寻找新大陆。功夫不负有心人，两个夏季的考察之后，他们终于在北冰洋一片冰天雪地中发现了一块岛屿。经过考察，他们居然在岛的西南沿海地段找到了几片平坦之地，那里不仅可防御北极寒风的袭击，夏季来临时居然还长满青嫩的植被，埃里克一行人惊喜万分，忙给此岛取名为"格陵兰"，希望能诱惑世人，来共同开拓这块荒凉的冰原。

当然，美名之所以成为美名，多半是加诸了太多人们的主观色彩，就像格陵兰。这个被丹麦划分国家公园的小岛当然没有它的名字那样绿意盎然，除却短暂的夏季之外，这里大部分时间冰雪茫茫，绝对最低温度曾经达到零下70℃，是地球上仅次于南极洲的第二个"寒极"。这是最接近冰原的地方，寒冷笼罩了整个地貌，这里的天空蓝得不似人间，海面上冰气缭绕，岛上并无多少生物气息存在；但它却是如此地与众不同。根据科学探测者的数据显示，假如覆盖格陵兰的冰雪全部融化，那么地球上所有的海平面就会升高 6.5 米！

由于地处北极圈，所以格陵兰经常出现极地特有的极昼和极夜现象。每到冬季，极夜可以持续数月，色彩绚丽缤纷如焰火般的北极光从上空翩然划过，令格陵兰的天空夜夜闪耀不休。而到了夏季，格陵兰便成为日不落岛，日日艳阳高照，虽然寒意依然，但至少可以取得片刻温暖。

在短暂的夏季，格兰绿岛冰面开始融化。

如同最美的风景明信片，格陵兰的绝美与冰冷，对于普通人来说，也许只能远观，却不能近赏。又或许，最无法接近的，才会成为记忆里最华美的一笔。

5. 洒落在人间的蓝宝石：普利特维采湖区

当你行走在群山间，山体葱郁通碧，兜兜转转中只闻得一片欢声笑语、溪水叮咚，好奇的游人加快了步伐，企图探得这藏匿深处的群山秘密。久转十八弯，豁然开朗处，飞流四溅，湛蓝湖泊在阳光下熠熠发光，那带有银铃般笑声的佳人早已遥不可见，只剩下若有若无的芬芳馥郁勾引着游人思绪起伏。

这一片湖区藏匿于欧洲大陆的玛拉·卡别拉和普耶斯韦查山之间的里卡地区，绿树覆盖群山，大地怀抱明珠，16涧飞瀑在丛林中拦山横挂，每一颗都圆润晶莹，每一颗都湛蓝剔透，流水沿山石垂直冲刷而下，涤荡所有尘埃污垢。倾斜山体间，蓝湖、玉瀑一脉相承，你挨着我，我连着你，这12个高湖和4个低湖高低起伏中造就了一曲和谐动听的交响乐。普利特维采的瀑布是不会盛气凌人的，它们从石灰华堤礁落下，溅起的水花细细碎碎洒了一地。这顽皮的水精灵只在岩石上绽放出一个好看弧度便心满意足地重新汇入湖泊，耐心等待着下一次的落体游戏，乐此不疲。得了命令的大山为仙女们小心守护着这片宝蓝色，用伟岸身躯将一切诘难承担，连风都不舍得让它从这里吹过，于是，湖面便格外地平整光洁，纤尘不染。走近了看，湖水仿佛又不是那么蓝。清浅的低洼处，透明的水质将一切展露无疑：被水打磨至浑圆的石块安详地躺在水底，偶尔游过来一只野鸭奋力地追赶着几近透明的小虾，眼神不佳的它挥动笨拙的脚掌，更是惊得胆小的虾慌乱逃窜；只有调皮的鱼儿不甘寂寞地追逐着自己的影子，慵懒度日，仿佛只有仙女再度莅临，它才会欢快舞动起尾鳍翩翩致意。

若是冬天光临这里，普利特维采便会展现不同风情。往日的流动飞瀑像被瞬间凝固，只留下最后一刻的错愕神态。沿湖而走，还有连连惊喜隐藏在峻峭的岩石后。拨开阻碍重重，20 个天然岩洞悄然呈现，那是仙女们藏置华美衣物的钟爱之处。由于空气潮湿，怪异的钟乳石上凝有晶莹薄冰，光线射进，整个洞窟内便折出异样光彩。

好奇、欣赏、探秘，你可以通通带进普利特维采来，只是别忘记放轻鼻息和脚步，不要惊动这可能是一生中最美丽的邂逅。

十四、被遗忘的人间天堂

忽而微风吹来，奏响着抒情的和弦；忽而狂风大作，呼啸着怒涛汹涌。在被人们遗忘的世界各地，总有些变幻万千的奇妙景观。大自然神奇地造就了许多不为人知的奇迹。湖水碧波荡漾，飞禽鸟类盘旋于上空，荒芜的沟壑在嶙峋的山脊之间蜿蜒曲折，犹如一幅突出的浮雕作品，彰显了天地苍穹的自然美感。此时此刻，我们只能称赞大自然的鬼斧神工，为我们营造了让人流连忘返的自然风光。

1. 神秘的动物天堂：中国的可可西里

可可西里蒙语意为"美丽的少女"（一说为"青色的山梁"，因发音不同而异），藏语称该地区为"阿钦公力口"。可可西里位于青藏高原西北部，夹在唐古拉山和昆仑山之间，周边地区大部分都是少数民族地区。西部与西藏自治区毗邻，西北角与新疆维吾尔自治区相连，面积达45万平方千米，是长江的主要源区之一。

可可西里地区地处青藏高原腹地，地势高亢，平均海拔5000米。最高峰岗扎日海拔6305米，最低点海拔4200米。区内中部较低缓，具有西部高而东部低的地势特点。

基本地貌类型主要为中小起伏的高山和高海拔丘陵、台地和平原。南北边缘山地为大、中起伏的高山和极高山。山地起伏和缓，河谷盆地宽坦，是青藏高原上高原面保存最完整的地区。

可可西里的地貌主要包括冰川作用地貌、冰缘作用地貌、流水作用地貌、湖泊作用地貌、风力作用地貌等。冰川作用的范围有一定的局限性。冻胀作用、冰融作用、寒冻风化作用等形成了多种多样的冰缘地貌。流水作用由于水量有限、季节变化大、流水侵蚀和搬运作用都较弱，在现代河床中砾石磨圆往往很差。湖泊作用以沉积沙砾石为主。高原风力较大，风力作用很醒目，使地表粗化十分普遍。

可可西里地区河谷地貌大多呈高原宽谷，其中一部分河流贯穿在古湖盆中。除局部河段受构造影响外，一般河谷阶地不发育。西部和北部是以湖泊为中心的内流水系，湖泊众多。有 7 个面积 200 平方千米以上的湖泊，其中以乌兰乌拉湖面积最大，有 544.5 平方千米。

据地质资料表明，上新世以来青藏高原强烈隆起，由于高原隆起，环境发生巨大变化，更新世期间，可可西里至少发生 3 次冰期。冰期和间冰期的冷暖、干温变化以及晚更新世以来环境强烈寒旱化，对可可西里的气候地貌过程和现代自然环境形成都有重大影响。

可可西里无人区位居世界无人区第三位，是中国最大的一片无人区，也是最后一块保留着原始状态的自然之地。

可可西里无人区气候寒冷，常年大风，最大风速可达 20~28 米/秒，年平均气温在 -4℃以下，最冷温度可达 -40℃以下。由于空气稀薄，气压偏低，只有低海拔地区的一半，烧开水的沸点只有 80℃。

恶劣的自然条件不适合人类长期居住，被誉为"世界第三极"、"生命的禁区"。然而，这里却是野生动物的天堂。野牦牛、藏羚羊、野驴、白唇鹿、棕熊等青藏高原上特有的野生动物为可可西里注入了活力。

神秘的可可西里，动物的天堂，曾经一度面临人类的骚扰，好在最近保护可可西里的行动已经展开，相信这里仍将保持最原始的状态。

2. 拥有艺术之美：美国巴德兰兹劣地

巴德兰兹劣地，跨越了美国的两个州。有的只是刀锋般的山脊、深沟、狭窄的山峰和一眼望不到边的沙漠。所以，当地人把其取名为劣地。

荒芜的沟壑在嶙峋的山脊和尖峰之间蜿蜒曲折，似是一件突出的浮雕作品，经过大自然天然的斧凿，带了几分苍凉的艺术美感，吸引着喜好探险者征服的脚步。

这片高原形成于大约 8000 万年前，那时，这里还是一片辽阔的浅海，今日荒芜的土地都藏在海面之下。当大陆板块在地壳活动下因挤压而扭曲时，海洋在巨大的力量面前渐渐消失了，地面浮上来。此后的数千万年中，这里的气候反复无常地变化着，漫长的风霜侵蚀着岩层，把它们变得层层叠叠、起伏不平，似是一个巨人裸露出他布满青筋的胸膛，任人在上边用时光的雕刻刀随意切割，直到四分五裂。

在这片恶劣的土地上，一些刺柏附着在岩坡上，不服输地向上攀爬着。盆地虽然干燥，却也有小草和野花顽强地探出了头，偶尔能看得到一抹鲜绿、一小片姹紫嫣红，给人一种灵光乍现的惊喜之情。

日出日落，年复一年，时光枯燥地重复，巴德兰兹巨大而孤独的身影从朝阳的淡红转为夕阳的金黄，然后又归入黑夜的沉寂。虽然背负"劣地"之名，但它并不甘心因此被人嫌弃，于是它长久地等待着，等人来解读它沧海荒原的沉淀。

3. 远离凡尘的纯真之地：加拿大国的纳汉尼

太阳照常升起，游隼和金鹰在上空翱翔，河流淙淙中，一路小船静静驶近，雾气缭绕，一切朦胧得好像人间仙境。容不得人暗自陶醉，转弯处忽然惊起的飞流水花溅得人一头一脸，那是调皮的韦吉尼亚瀑布正在睁大了眼睛看你……这的确是一方不食人间烟火的仙境，没有道路纵横，没有人群喧嚣，只有未知的大自然在这里傲然守立。

这注定会是一趟不一样的旅程。纳汉尼是与世隔绝的，这里没

有任何人工开凿的路可以通往纳汉尼腹地，甚至没有任何一条可以勉强通过的小径。想要深入纳汉尼，再好的装备都不管用，你只能将自己托付给一弯柔弱小船，在一路飘荡中为沿途美景讶异、欢呼。

纳汉尼的夏与冬是冰火交织、截然不同的两个世界。夏天里，小船驶入峡谷地带，富含硫化物的温泉雾气蒸腾让你看花了眼，和着温泉旁盛放的野薄荷、紫菀花一路将游人熏得香汗淋漓；天真的韦吉尼亚瀑布从山上一跃而下，这一落就是 98 米，水石激荡中羞答答地挂起斑斓彩虹，一派水灵；沿途两岸浓郁翠绿的各式树林里有灰熊、加拿大麋鹿、山羊、野大白羊、狼和北美驯鹿相继出没，妖冶怒放的野兰花开得满山满谷，芬芳馥郁。

而冬天，这里是一片冰雪世界，气温降至 –50℃，连呵口气都会瞬间成冰。动物不再出没，河流不肯言语，300 千米长的麦肯齐山峡谷内一切都变得静声悄语；纳汉尼河和弗拉特河冰凌满布，不再桀骜湍急，蜿蜒的古河道纵横交错，露出了它本来的沧桑模样；两岸边是无数水凿洞窟，探头望去全是奇形异状的钟乳石和石笋。

纳汉尼地质多变、地形复杂，最有名的便是巧夺天工的"仙女壁炉"与"羊廊"。纤巧玲珑的"仙女壁炉"幽雅大方地端立在峡谷岸边的岩石峭壁上，圣洁坚贞，千万年不受侵蚀，仿佛仍在随时静候着巡游人间的仙女。掩埋在山体深处的传奇"羊廊"里，大片大片的羊骨化石肆意横陈。那是在久远到没法追溯的日子里，在奇峰异石间迷路至此的大群绵羊徘徊千年，惊魂不散……

纳汉尼，这块上帝遗留于人间的最后一块温柔处女地，没有喧嚣，没有杂念，能够行船徜徉于此，正是天神对众人最大的怜悯。

4. 奇特的"长草的水域"：美国的大沼泽

大自然用它那神奇的手造就了很多自然奇迹，闻名世界的美国佛罗里达大沼泽地公园就是其中之一。这里的大沼泽地是世界上独一无二的。

大沼泽地公园是一块由石灰岩构成的浅盆地，这个盆地整体向西南方向倾斜。这里是美国最大的生态保留地之一，大沼泽地公园有一些宽阔的水域，生长着许多带锯齿的草。印第安人称这里是"帕里奥基"，意思是"长草的水域"。

这里为何会形成如此独特的自然景观呢？首先，公园北部的河流将淡水送进这里，形成了淡水沼泽，而后与海水混合，形成了现在这个独特的沼泽。特殊的地理环境决定了生物的多样化，这里除了生活着400多种鸟类以外，还有无数其他的动植物也在此安家。

生活在这里的短吻鳄是濒临灭绝的珍稀物种，在大沼泽地公园不但可以看见它们的身影，还能够领略到它们和普通鳄鱼共生的奇景。

5. 比海还碧蓝的汪洋大地：委内瑞拉的桌山

这里不是海，却是一片比海还碧蓝的汪洋大地。翠绿色的山体被无数大小瀑布立体切割，形成浩瀚的热带岛屿群，如同蓝水晶中又洒上无数耀白珍珠。水天一色中，映衬得云朵都不甘寂寞地泛着蕴了光的暗蓝……用尽了想象力的世人称这片美景为"失落的世界"。

建立于1962年的卡奈马国家公园地处委内瑞拉玻利瓦尔州的东部高原，这里山势虽然平整，海拔却可以从450米一路陡涨到2810米。在公园3万平方千米的领地里，极具地质学价值的石板山奇异拼接，成为地质科学家们爱不释手的研究圣地。由于几百万年的风沙侵蚀雕琢，最顶端那片暴露在空气中的岩石沙丘依山势蜿蜒蛰伏，构筑出园内最奇特的地形特征。

这里的山顶部平坦开阔，远远望去就像一张巨型石桌，故又被称为"桌山"。各式热带植物牵缠环绕，为桌山铺上了一张碎花桌布。在顶峰举目远望，天空是耀眼蓝绿色，连云朵都镶上了淡淡的蓝边儿。山体间镶嵌着无数大小瀑布群，落水声此起彼伏，在阳光照射下，一弯弯彩虹低调出场，娇羞可爱。满眼的银白、翠绿、湖蓝，毫不吝啬，极致铺陈。

然而，山脚的丛林却似乎更具吸引力。柯南道尔以卡奈马国家公园为原型而创作出的《失落的世界》中，有着对这片景色的最完美构想：诡异茂密的丛林中总有什么不时作响，顽劣的灵猴在树端嘲笑着人类的一惊一乍；金刚鹦鹉忽然扑啦一声展开彩色翅膀，似七彩光环一闪而过；脚下是各种说不出名堂的黑色爬行动物，软体黏腻或带着坚硬、泛冷光的甲壳，散发出怪异的气味；曲折潮湿的小径伸向不知名的地方，仿佛是掘宝人一直在渴望寻找通向宝藏的最后方向……除了没有史前恐龙和凶残的巨人猿，这里符合了猎奇爱好者们关于丛林探险的全部想象。

可大自然却总是不缺乏想象的。踏过平和的桌山、探过刺激的热带丛林后，竟还有惊喜等着你。隐蔽在丛林最深处的安赫尔瀑布是这一片美景之精华。走出丛林，一道高达979米的银白色洪流横空高挂，奔腾的急流先是以一个807米的优雅前空翻跳落在浅短岩架上，紧接着又是一个172米的转体后滚翻，这才浩浩荡荡、一路喧嚣着汇入蓝水晶般的卡奈马湖。可惜，由于丛林的高密度覆盖，美丽的安赫尔瀑布只可远观，或乘船由水面稍稍接近，恰好的距离感更加勾起游人的无限向往。湖畔附近的卡奈马小镇中，椭圆形的旅游营地、棕榈制成的白墙小屋和凉亭错落有致，与身旁的绿树丛相映成趣。

我们要感谢美国飞行员詹姆斯·安赫尔，如果不是他，这片以他名字命名的美景不知还要推迟多少个世纪才能为世人所知。然而自罗宾·威廉姆斯在电影《美梦成真》里演绎过从瀑布纵身跳下后，人们似乎更倾向于称呼其直译名称——天使瀑布，仿佛隐喻着从这里纵身一跃就真能成为天使，从此翱翔于没有忧愁的天堂之中。

卡奈马，这人类不小心失落的欢乐天堂，让人不经意间微笑的，仿佛正是灵魂深处那尚未失落、如孩童一般的赤子之心。

十五、独特的峡谷之城

冰川、绝壁、陡坡、泥石流，一旦与奔腾的大河交错在一起，便展示出大峡谷的壮观，便表现了"地球上最后的秘境"的奇丽。假如从浩渺的太空望去，暗红色的峡谷犹如地球上一道血淋淋的伤口，又长又深，让你在茫茫的宇宙中也能感受到深刻的疼痛。河流在谷底汹涌向前，形成两山壁立、一水中流的壮观景象，雄伟、浩瀚的气魄，慑人的神态，奇丽的景色，可谓是举世无双。

1. 世界最美的峡谷：中国长江三峡

长江全长 6300 余千米，是中国的第一大河，它流经四川盆地东缘时冲开崇山峻岭，夺路奔荒形成了长江上最摄人心魄的瞿塘峡、巫峡和西陵峡三大峡谷，造就了奇特、瑰丽、壮美的三峡风光。

长江三峡位于中国重庆市和湖北省境内的长江干流上，西起重庆奉节的白帝城，东到湖北宜昌的南津关，全长约 200 千米，这里两岸高峰夹峙，港面狭窄曲折，港中滩礁棋布，水流汹涌湍急，是长江上最为奇秀壮丽的山水画廊。

长江三峡共同构成了一幅壮观瑰丽的画卷，素有"瞿塘雄、巫峡秀、西陵奇"之称。瞿塘峡全长约 8000 米，山势雄峻，上悬下陡，如斧削而成，其中夔门山势尤为雄奇，有"夔门天下雄"之称。江水至此，水急涛吼，蔚为壮观。

巫峡西起巫山县的大宁河口，东到湖北省的官渡口，全长约 46

千米。峡谷两岸峰峦挺秀，山色如黛，古树青藤，繁生于岩间，飞瀑泫泉，悬泻于峭壁。峡中九曲回肠，船行其间，颇有"曲水通幽"之感。神女十二峰楚楚动人，尤以神女峰最富魅力，它耸立江边，宛若一幅浓淡相宜的山水国画，使得巫峡更加妩媚清秀。

西陵峡西起秭归的香溪口，东至宜昌的南津关，全长约 75 千米，是三峡中最长的一段峡谷，以陡峻闻名于世。峡中险峰夹江壁立，峻岭悬崖横空，奇石嶙峋，银瀑飞泻，古木森然，水势湍急，浪涛汹涌，景色万千。舟船行于险滩恶浪之间，奇险无比，其中，泄滩、青滩、崆岭滩，为西陵峡最为著名的三大险滩。

三峡大坝的建成为风光如画的三峡又增添了一处令人惊叹的人文建筑。

三峡不仅风光无限，而且地灵人杰。这里是中国古文化的发源地之一，著名的大溪文化，在历史的长河中闪耀着奇光异彩；中国伟大的爱国诗人屈原和千古名女王昭君就诞生在这里；这里的青山碧水，还留下了李白、白居易、刘禹锡、范成大、欧阳修、苏轼、陆游等诗圣文豪的足迹，以及许多千古传颂的诗章；大峡深谷，还有许多著名的名胜古迹，白帝城、黄陵庙、南津关……它们同这里的山水风光交相辉映，名扬四海。

长江三峡，四百里的险峻通道和三个动听的名字，容纳了无尽的旖旎风光，那些诗意的幻想，那些潜藏的激情，全都浓缩在对自然美的朝觐之中。

2. 世界最奇异的峡谷：东非大裂谷

在地球表面上，没有比东非大裂谷更奇异的地方了。这里就像被人用刀深深地划开了一条长口子一样。

裂谷是地壳断裂形成的狭长深陷的谷盆，有人把它比作"地球的伤疤"，而且是"大地上最大的伤疤"。东非大裂谷从赞比西河河口向北延伸至红海，跨越赤道南北，全长 6400 千米。大裂谷一般宽度为 50 千米～80 千米，最窄处只有 3 米宽。两边陡崖壁立，高出谷底数百至一两千米。谷底的地势起伏也很大，裂谷中的湖泊都是低洼的谷盆积水而成。其中，阿萨尔湖湖面在海平面以下 150 米，为非洲大陆的最低点；坦噶尼喀湖深达 1400 米，仅次于贝加尔湖，为全世界第二深湖泊。从飞机上俯瞰，裂谷就像是一条用推土机推出的深沟，其中成串分布的湖泊，恰似一粒粒亮晶晶的珠宝，装点着美丽的非洲大陆。

未被湖水占据的裂谷带，表现为一条巨大而狭长的凹槽沟谷，宽度为 50 千米左右。两边都是悬崖峭壁，高度达数百米至千米以上。谷底同断崖之间是两条平行的深长裂缝。裂缝深达地壳底部，自然成为了地下的炽热岩浆喷出的通道，因此，裂谷带也是大陆上最活跃的火山带和地震带，它总共拥有 10 多座活火山和 70 多座死火山。结果就出现了悬殊不同的奇异的地貌形态：一方面是非洲大陆上地势最低的深沟，有几个湖泊的水面甚至低于海平面：吉布提的阿萨尔湖面为海拔 –150 米，是非洲大陆的最低点；亚洲的太巴列湖面，海拔 –209 米；死海 –392 米，是世界上湖面最低的地方。还有几个湖泊的深度，也是创世界纪录的。坦噶尼喀湖深 1435 米，马拉维湖深 706 米，分别列为世界第二和第四深湖。

另一方面，沿裂缝涌上来的熔岩流，构成裂谷两岸宏伟的埃塞俄比亚高原和东非高原，前者海拔 2000～3000 米，为非洲最高部分，素有"非洲屋脊"之称。高原上还遍布高大壮观的火山锥：乞力马扎罗山海拔 5895 米，夺非洲高峰之冠；肯尼亚山海拔 5199 米，屈居第二。雪峰与碧波相互映照，显得格外神奇。

大裂谷是矿藏丰富的"聚宝盆"。沿火山口断层裂缝涌出来的熔岩，从地壳深处带上来大量铁、铜等金属元素，富集成矿。裂谷这良好的沉积环境，又为石油、褐煤、石膏等沉积矿床的形成，创造了极为有利的条件。那一连串湖泊，全都是成水湖，有取之不竭的食盐和纯碱等。特别引人注目的是 20 世纪 60 年代在红海裂谷底部，发现 3 个奇异的高温"热洞",涌上来的热卤水富含卤素和铁、锰、铜、锌等各种金属元素。初步的分析表明,热卤水沉积物中的金属矿的总储量高达上千万吨!另外,裂谷地区普遍蕴藏着丰富的地热资源,仅埃塞俄比亚境内就有 500 多处高温的温泉和喷气孔。单单把吉布提阿法尔三角区的地热资源全部开发利用,其发电量就足够整个非洲使用了。

在大裂谷的岩石断层和火山熔岩中,还珍藏着大量古人类、古生物化石。1972 年,考古学家在图尔卡纳湖畔的库彼福勒地区发掘出一个古代直立人的头盖骨化石、几十具史前人遗骨化石和数百件石器化石,经科学测定,它们约有 260 万年的历史,那个头盖骨化石是当今世界上发现的最古老的直立人化石。此后,人们又在坦桑尼亚、肯尼亚和埃塞俄比亚境内的大裂谷中,找到了更多更古的古人类化石,最早年龄定为 350 万岁。由此看来,东非大裂谷不但是举世闻名的自然奇观,也是人类诞生的摇篮之一。

裂谷区大部地势开阔,人烟稀少,那些大小湖泊也是热带动物赖以生存的宝贵水源,因此大裂谷便成了珍禽异兽的乐园。许多国家在这里开辟自然动物公园和野生动物保护区。

3. 世界最壮观的峡谷:美国科罗拉多大峡谷

美国科罗拉多河不舍昼夜地向前奔流,有时开山劈道,有时让路回流,在主流与支流的上游凿出黑峡谷、峡谷地、格伦峡谷、布鲁斯峡谷等 19 个峡谷之后,最后流经亚利桑那州多岩的凯巴布高原时,更出现惊人之笔,雕凿出著名的科罗拉多大峡谷。

美国科罗拉多大峡谷闻名遐迩,是地球上的一大奇迹,只有从高空鸟瞰,才能完整地欣赏这条大地的裂缝。据说从浩渺的太空望去,美国亚利桑那州北部的科罗拉多大峡谷,是西半球唯一用肉眼可见的自然景观。暗红色的峡谷像是地球上一道血淋淋的伤口，又长又深，触目惊心，难怪在茫茫宇宙中也能感受到这种深刻的疼痛。它的色彩、它的结构，特别是那一股气势是任何雕刻家和画家也无法模拟的，因此，科罗拉多大峡谷被称为"活的地质教科书"。1979年，科罗拉大峡谷被列入世界遗产。

科罗拉多大峡谷国家公园位于亚利桑那州北部，地理坐标为北纬36°，西经113°。大峡谷的形状极不规则，大致呈东西走向，总长400多千米，蜿蜒曲折，像一条桀骜不驯的巨蟒，匍匐于凯巴布高原之上。峡谷两岸北高南低，平均深度有1200米。宽度从0.5千米至29千米不等，科罗拉多河在谷底汹涌向前，形成两山壁立，一水中流的壮观景象，其雄伟的地貌，浩瀚的气魄，慑人的神态，奇突的景色，举世无双。

科罗拉多大峡谷的形状极不规则，如一条桀骜不驯的长龙盘踞着。科罗拉多河在谷底缓缓向前，夹在斧削般陡峭尖刻的峡谷两壁间，如一条绿色的飘带，波澜不惊，但站在绝壁之上，脑海里依旧可以想象出当年巨浪排空、惊涛拍岸的壮大场面，那摄人心魄的雄浑气势强烈地冲击着心灵。

科罗拉多大峡谷并不仅仅是自然的美景，同时也是一幅地质变迁的缤纷画卷。峡谷最底层的岩石称得上是地球上最古老的岩石，从谷底到顶部按时间顺序分布着从寒武纪到新生代各个时期的岩层，水平层次清晰，岩层色调各异，夹带着各个地质时期最具代表性的生物化石。

峡谷两岸的岩石断层本是以红色为主，山石遍体通红，带着鲜明的被科罗拉多河冲刷的印记。大自然继续着自己鬼斧神工的雕琢技艺，将岩壁打造得岩层嶙峋，层层叠叠，奇峰异石和峭壁石柱夹着一条绵长的深谷，无与伦比的壮丽。阳光照射在石壁上，谷底漆黑一片，显得更加幽深与神秘。

这时，科罗拉多大峡谷最奇特的景色出现了——无论是红色的岩石，还是褐色的土壤，沐浴在阳光中，都泛起了七彩的颜色。岩石时而深蓝、时而棕褐、时而又化为赤红，变幻莫测，扑朔迷离。

你永远也猜不到下一刻会是什么模样呈现在眼前，大自然的奇异与诡秘，在这一刻被展现得淋漓尽致。那独特的色彩、结构、特别是雄浑苍劲的气势，人间再高明的工匠也无法描摹。

科罗拉多大峡谷包含了从森林到荒漠的一系列生态环境，南壁干暖，植物稀少；北壁高于南壁，气候寒湿，林木苍翠；谷底则干热，呈一派荒漠景观。国家公园内的植物多达 1500 种以上，并有 355 种雀鸟、89 种哺乳类动物、47 种爬虫动物、9 种两栖类动物、17 种鱼类生活其中。蜿蜒于谷底的科罗拉多河，曲折幽深，整个大峡谷地段的河床比降为 150cm/1000m，是密西西比河的 25 倍。其中 50% 的比降还很集中，这就造成了峡谷中部分地段河水激流奔腾的景观。

造物主为我们创造了这种惊心动魄的美，同时也创造了一种境界，一种令人无法用语言表述的思绪、永难忘怀的感动。唯有在直面的一刻，静静用心灵感受它的庄严和神圣，领略大自然赐予这里的无边魔力和万年寂寥。

4. 世界最长的峡谷：中国怒江大峡谷

怒江大峡谷位于北纬 25°30′~29°，东经 98°~100°30′之间，全长 800 多千米、平均深度 2000 米，污期呈 U 型，旱期呈 V 型，是世界最长的峡谷。峡谷两岸群峰雄峙，横亘千里，其间怒江奔腾咆哮，沿江多急流、险滩、峡谷、溪流、瀑布、翠竹绿林，云雾拥山，景色壮丽，有"东方大峡谷"之美誉。

怒江大峡谷山高谷深，滩多水急，可谓"一滩接一滩，一滩高十丈，水无不怒石，山有欲飞峰"。两岸白花飘香，山腰原始森林郁郁葱葱，冬春两季冰雪覆盖，景色如画。大峡谷不仅可以漂流探险，两岸还有许多飞瀑流泉，蕴藏着丰富的动植物资源，景色雄奇壮观，是一块待开发的处女地。

怒江大峡谷由于受印度洋西南季风气候的影响，形成了"一山分四季，十里不同天"的立体垂直气候；高山深壑的立体地形，还造就了怒江明显的垂直气候，也使这里保存了丰富的植动物资源。从海拔738米到海拔5128米的垂直空间里，怒江聚集了北半球从南亚热带到高山苔原带的各种气候带的土壤和植被，如树蕨、珙桐等国家一级保护植物和三尖杉、清水树、一枝蒿等国家二三级保护植物以及名目繁多的各种花卉。它们成片成林地点缀着峡谷胜景的自然美，其间还不时奔跑着老虎、灰腹角雉、热羚等国家珍稀保护动物。因此，大峡谷成为世界上十大生物多样性地区之一。

怒江大峡谷不仅拥有神奇的自然景观，独特的民族风情同样迷人。这里居住着傈僳、独龙等12种少数民族，神秘的民族文化传统、散落的教堂、滇藏人马驿道、同心酒、澡塘会等等汇集成世界上最神秘、最原始的东方大峡谷。

5. 世界最深的峡谷：雅鲁藏布大峡谷

雅鲁藏布江下游，江水绕行南迦巴瓦峰，峰回路转，做巨大马蹄形转弯，形成了一个巨大的峡谷——雅鲁藏布大峡谷。雅鲁藏布大峡谷的发现，被科学界称作是20世纪人类最重要的地理发现之一。

雅鲁藏布大峡谷长504.9千米，平均深度5000米，最深处达6009米，是不容置疑的世界第一大峡谷。雅鲁藏布大峡谷整个峡谷地区冰川、绝壁、陡坡、泥石流和巨浪滔天的大河交错在一起，环境十分恶劣。雅鲁藏布大峡谷许多地区至今仍无人涉足，堪称"地球上最后的秘境"。

科学考察证实，雅鲁藏布大峡谷地带是世界上生物多样性最丰富的山地，是"植物类型天然博物馆"、"生物资源的基因宝库"。同时，大峡谷处于印度洋板块和亚欧板块俯冲的东北挤角，地质现象多种多样，堪称罕见的"地质博物馆"。

年轻的青藏高原何以形成如此奇丽、壮观的大峡谷？据科学家考证，雅鲁藏布大峡谷形成的直接原因与该地区地壳 300 万年来的快速抬升及深部地质作用有关。15 万年以来，大峡谷地区的抬升速度达到 30 毫米／年，是世界抬升最快的地区之一。最新地质考察获得的证据表明，大峡谷形成的根本原因是该地区存在着软流圈地幔上涌体。这也可能是以该地区为中心的藏东南成为所谓"气候启动区"的原因，还可能是该地区生物纬向分布北移 3°～5°的重要原因。以地幔上涌体为特征的岩石圈物质和结构调整对地球外圈层长尺度的制约作用在大峡谷地区有十分明显的表现，因此这里是地球系统中层圈耦合作用研究最理想的野外实验室。

6. 收藏岩柱奇观的宝库：美国布莱斯峡谷

布莱斯峡谷位于美国犹他州西南部，属科罗拉多高原的一部分，最深处达 2400 米，以梦幻般的七彩峡谷著称于世。站在峡谷顶部向下望，千千万万由风霜雨雪侵蚀雕刻而成的奇异石柱尽收眼底，令人不禁惊叹大自然的鬼斧神工。这些石柱无声地耸立在寂静的峡谷中，仿佛成千上万整装待发的将士在默默等待着出征的号令。难怪有人又将它称作美国的"兵马俑"。

在充斥着野蛮气息的科罗拉多高原上，布莱斯峡谷显然是个异类，风雅、秀美、楚楚动人的特质让它与周围的粗犷格格不入。

布莱斯是阳光的宠儿，哪怕是在雪后，也依然如此明艳照人。

苍莽的科罗拉多大地上有一个著名的天然大阶梯，海拔高度与外表颜色都不尽相同。从深棕、朱红、浅灰、粉红到纯白，从大峡谷锡安山一直到布莱斯峡谷国家公园，拾级而上，终于到达了天梯的最顶端。布莱斯峡谷就是最接近天堂的地方。

以布莱斯峡谷为顶的大阶梯，被称为是世界上保存地球历史最为丰富的一部巨书。那挺立的岩柱、层叠的沟壑、崎岖的山峦，都是这部巨书里最精彩的篇章，给人们讲述风雨沧桑的故事，地老天荒的岁月。天书迷离，终我们一生也无法参透它的浩瀚与玄妙。

与科罗拉多大峡谷和锡安山不同，布莱斯峡谷不过是庞沙岗特高原东侧、受雨雪风霜自然力侵蚀而成的一个巨大凹陷，嶙峋崎岖的高原地貌，而并非真正地理意义上的峡谷。但这并不妨碍布莱斯峡谷国家公园游人如织。布莱斯峡谷国家公园于 1928 年正式命名，公园海拔 2800 米，占地约 145 平方千米，连绵不断的小山和郁郁苍苍的平原共存于古老的、赤色的岩壁上，色彩缤纷的岩柱是这里独特的自然景观。

布莱斯峡谷富含丰厚的矿物质堆积，岩石中含有各种金属成分，不但影响着岩石的硬度、寿命，也造成了它们外观上的视觉差异，红色、橙色、粉色、紫色、绿色、白色交相辉映。其中含镁的白云岩风化速度慢，常常被顶在岩柱顶端，像一顶醒目的白色帽子。而火样的褐岩红石是最为引人注目的，在艳阳的暖光柔影下，红色更为炫丽，让一股暖流在胸膛里激荡起来。

布莱斯峡谷是岩柱地形最密集的地区，岩柱最矮的只有 1.5 米，娇小玲珑；高的则能达到 40 多米，伟岸挺拔，差异悬殊。岩柱群高低起伏，错落有致，数量之多，形状之奇都令人叹为观止。

谷中形象诡异的岩石有的如长矛、寺庙、鱼鳖、野兽，有的像教堂尖塔，有的像城堡雉堞。有一组形体挺秀的怪石被起名为"维多利亚女王召开御前会议"，或"女王崖"，列成弧形的尊尊岩石似王公大臣、贵妇淑女环侍左右。其中的红岩石塔更为犹他州所有岩景之冠。登高远望，但见道道帷幕、座座城堡、行行剑戟、重重石林，苍茫粗犷，神奇天成。公园里还倒立着大大小小的锤形岩石，看上去头重脚轻，却巍然屹立，令人叫绝。在这些鲜红如血的悬崖峭壁间，往往还会发现恐龙和爬虫时代的其他化石。矮树林、白杨、枫树、桦木等点缀在山岩之间。在阴森的峡谷中，也会看到道格拉斯云杉，一枝独秀，冲出石壁，沐浴在阳光之中，把这里衬托得更加绮丽。

现在我们看到的石柱已经经过了亿万年的风化，斑斓的岩石早已被腐蚀得千疮百孔，但正是这破损之相，反而透出一股凄怆的残缺之美，震撼人心，催人泪下。旧的石柱日渐老去，坍塌化为齑粉，再坚硬的岩石也难以抵抗时光的摧残，而新的石柱又在不断生成，新旧交替是大自然永恒不变的规律。

布莱斯峡谷是一方天然的净土，不含一丝的污染。它的空气之清新，也在全美名列前茅，除去自然的风啸鸟鸣，这里的宁静是不被任何不应有的声响打扰的，完全没有大都市里的喧嚣嘈杂。在晴朗的天气里，视野开阔，上百千米的景色也可尽收眼底，一览无余。

一条狭窄的山间小路，从北向南穿越了公园，如一条连绵的珠链，而公园内十几个参观景点就是点缀其上的钻石。"日出点"与"日落点"顾名思义，是欣赏日出、日落的绝佳地；"灵感点"给人从不同的角度欣赏布莱斯峡谷的机会，被自然引发的灵感也层出不穷；道路最南端海拔2700多米的"彩虹点"是珠链的尽头，极目远眺，光影之下有数不尽的赤红岩柱若隐若现，浩浩荡荡，每一根石柱都像一个脚踏实地的演员，难怪这里被称为"露天大剧场"。

穿行在峡谷陡峭的岩壁下，头顶的天忽地变窄了，千年的狐尾松在路旁凛然而立，粗糙的树皮书写着千年岁月的磨砺，而嫩绿的新枝又展示了生命的顽强。花旗松也拼命地向上蹿着，仿佛想冲出峡谷，看看外边的世界。

红岩绿树，颜色分明，与蓝天黄土，相映成趣。布莱斯峡谷像个天生会打扮的美女，将自己装点得风姿绰约，清风明月、暮霭晨阳，不过都是它信手拈来的点缀，让它变得更加雅致俏丽，如科罗拉多高原上一朵娇艳的奇葩。

7. 最伟大的自然雕塑：美国亚利桑那大峡谷

初入亚利桑那大峡谷国家公园的人，大抵都会被它浩瀚壮阔的美景所震撼。清晨，老鹰在谷中展翅翱翔，微风亲吻着大峡谷的每一寸土地。沿着峡谷边缘缓缓前行，四周的桧树和矮松郁郁葱葱，知名或不知名的野花繁茂，和峡谷的泥土一起散发清香，令人心旷神怡。而黄昏来临，一轮夕阳挂在峡谷中，如耀眼的金钻点缀在佳人优美的锁骨之上，漫山遍野的花开得蓬勃不顾生死。这是大自然最伟大的雕塑！

亚利桑那大峡谷裂开的形状极不规则，迂回曲折，蜿蜒盘旋，峡谷顶宽在 6 千米~30 千米之间，往下收缩成 V 形。最大谷深 1800 米左右，谷底水面宽度不足千米，最窄处仅 120 米。山谷深不见底，山壁的颜色千变万化，熠熠生辉。南北两岸中间有水相隔，气候差异很大；除此之外，北岸的气候也要比南岸冷很多，冬季常有大雪降落。

由于峡谷两壁的岩石性质及所含矿物质不同，在阳光照射下，常常呈现出不同的色彩。如铁矿石呈五彩缤纷色，其他氧化物的颜色则略微暗淡，石英的外表是晶莹的乳白色。鲜红、黝黑、铁灰、深褐、乳白、胭脂粉、云英紫……如此缤纷炫目的色彩令峡谷壁成了一块巨大的五彩斑斓的调色板。尤为称奇的是，无论是日出日落还是气候变幻，整个大峡谷的色彩都会随之改变。阴天里，峡谷中就像是被淡紫色的烟雾所笼罩，所有的景色都雾气葱茏，朦胧难辨；而旭日东升或夕阳斜照时，山山水水又被日光尽染成红色和橘色。大峡谷的气候阴晴难辨，前一秒也许还艳阳高照，后一秒可能就暴风骤雨，而这些变幻莫测的外界气候，却又给大峡谷平添了几分风光。

特殊的地质形态和自然外力，令大峡谷形成了今日百态杂陈的风貌。河水穿越千年时光冲刷着地表结构，层层叠叠，有的地方宽若虚谷，有的地方窄如一线；有的地方峥嵘可怖，有的地方舒缓平坦；有的地方奇形怪状，有的地方保守单一……想象力丰富的美国人根据形象特征，分别冠以这些奇景神话之名，例如狄安娜神庙、阿波罗神殿……顺着谷壁向上看，千年来形成的地层断面如庞大的静态影像，华丽地向世人展示从寒武纪到新生代各个时期的岩系变迁，一层一个时代。在上面还可以看到许多具有代表性的生物化石，真不愧为"活的地质史教科书"，所以这里不仅仅是游人的天下，更是古生物学家和考古爱好者的乐园。

一般人来到大峡谷之后，觉得大峡谷满目苍凉，毫无生气。其实，在大峡谷里面有不少动植物。

谷底的环境又干又热，那是沙漠动物的栖息之所，如黄蝎子、鞭尾蜥、斑臭鼬等。牧豆树和桶形仙人掌欣欣向荣，艾伯特松鼠只生活在较温暖的南里姆，而穗状耳的凯巴布松鼠则是在北里姆生活。峭壁比谷底凉快，那里是峭壁花鼠和亚利桑那灰狐的家园。

如今在岩石之间游荡的美洲狮的数目日益减少，土著居民也同样一天比一天少，现在只剩下少数的哈瓦苏派印第安人，他们居住的地方是美国境内一处非常荒僻的印第安人居留地。

8. 最具独特地貌的峡谷：中国云台山峡谷

云台山位于中国河南省焦作市东北40千米的修武县境内，处于太行山系近南北向裂谷带与近东西向构造转换带的交汇部位。受地质作用，云台山区拔地而起，又进一步伸展张裂形成相间排列的峡谷。峡谷间泉瀑争流，原始次生林覆盖了整个山巅，最终构成独特的云台地貌景观，并成为地质工作者珍贵的研究资源。

温盘峪是云台山中一道红色的峡谷。温盘峪峡谷最窄处不到5米，最宽处也不过20米，深80米左右，长度为1000米。这里原来是一片百米厚的紫红色的石英砂岩，当太行山在造山运动中"苗壮成长时"，石英砂岩层沿着自己的节理破碎，形成了峡谷，所以它是紫红色的，这种红色的峡谷在中国并不多见。峡谷夏季凉爽宜人，隆冬则温暖如春，一年无四季，温度保持在 25℃ 左右，故称"温盘峪"。

云台山最美的地方要算峡谷幽深、潭水清澈的温盘峰。

老潭沟是云台山地区的著名峡谷。它是由岩石断裂后经过流水下切侵蚀而形成的，全长约 5000 米。因为谷底的宽度大于谷顶，峡谷像个口小肚子大的坛子，这就是云台山最有特色的地貌类型——瓮谷。隐藏在老潭沟尽头的云台天瀑从 314 米高的悬崖上飞流直下，刚好流经两组不同的寒武纪灰岩，上面是厚层状的灰岩，质地相对坚实；而下面是薄层状的灰岩（俗称"千层饼"灰岩），容易破碎。经年累月的流水冲刷使下层易碎的灰岩被水掏出大半边，形成了上部小、下部大的瓮谷形态。在云台天瀑脚下有一块"波痕石"，石上有非常明显的整齐起伏的纹路。这种波浪状的纹理在地质学上叫"波痕"。当这里还是海底时，海水中丰富的碳酸盐成分随潮涨潮落沉积，记录下潮水的波动，形成神奇的波痕石。

小寨沟是云台山另一条峡谷，长 2500 米。这里三步一泉，五步一瀑，十步一潭。瀑布姿态各异，成因不同，落差不一。"悬泉飞瀑"是小寨沟的点睛之笔，位于小寨沟尽头。这是一个奇特的瀑布，泉水从峭壁中流出来，泉眼离地面十几米高，形成秀丽的瀑布。

9. 世界最窄的峡谷：中国云南虎跳峡

虎跳峡位于云南丽江的玉龙雪山和哈巴雪山之间，地处东经 100°，北纬 27°，始于金沙江及其支流硕多岗河汇合处，止于丽江纳西族自治县大具村一带。虎跳峡在金沙江上游，全长近 18 千米，分为上虎跳、中虎跳、下虎跳三段，共 18 个险滩，江流最窄处仅 10 米左右，形成了"万仞绝壁万马奔，一线天盖一线江"的旷世奇观。

上虎跳距虎跳峡镇 9 千米，是峡谷中最窄的一段。沿峡谷而行，江面从 100 多米宽一下子收缩到 20 余米，顺畅的江面顿时变得拥挤不堪，江水冲击在江心如犬牙般参差的礁石上，卷起数米高的巨浪。江心雄踞一块巨石，横卧中流，如一道跌瀑高坎陡立眼前，把激流一分为二，惊涛震天，气势非凡。传说曾有一猛虎借江心这块巨石，从玉龙雪山一侧，一跃而跳到哈巴雪山，故此石取名虎跳石。

从上虎跳走约 5 千米，只见獠礁林立，危崖四耸，遮天摩云，激流撞礁，惊涛轰鸣。盖江崖头乱泉涌流，拦腰有一条半里磴道，人行当中，泉水从头顶喷泻而过，织成一挂挂奇丽的珠帘，别有洞天，这一段就是中虎跳，也是最险的一段。穿行于峡谷腹地，两侧雪山都是最高的主峰段，置身如此险峻的峡谷，才能体会到"望天一条线，看地一个沟，猴子见了掉眼泪，老鹰见了绕道飞"的比喻是何等贴切。

下虎跳以"江水扑崖，倒流急转"为特色，拥有倒角滩、下虎跳石等大滩。其中倒角滩长约 2.5 千米，落差 35 米，大小跌水处，峡谷多呈"之"字形急转弯，使江水直扑岸壁，掀起惊涛骇浪，倒流回来又急转直下，如脱缰野马狂奔而去。

虎跳峡，埋藏在荒野里的美比名山大川更能吸引人的眼光。1986 年 9 月 10 日，中国长江科学考察漂流队一举征服了虎跳峡全过程，完成了"世界上最伟大的征服"。

10. 最具神秘色彩的峡谷：中国天山大峡谷

在中国新疆的天山南麓，群山环抱着天山大峡谷，它集人间峡谷之妙，兼天山奇景之长，蕴万古之灵气，融神、奇、险、雄、古、幽为一体。景异物奇，令人神往，为古丝绸之路黄金旅游线上新增了一颗璀璨的明珠。

大峡谷呈南北弧形走向，开口处稍弯向东南，末端微向东北弯曲，由主谷和7条支谷组成，全长5000多米。谷端至谷口处自然落差200米以上，谷底最宽53米，最窄处0.4米，仅容一人低头弯躯侧身通过。在距谷口1400米深处，高约35米的崖壁上，有一处始建于盛唐时期的、绘满壁画的千佛洞遗址。就文字记载和绘画艺术而言，这在古西域地区已发现的300多座佛教石窟中十分罕见。

天山神秘大峡谷所带的神秘色彩主要表现在：

（1）令人不寒而栗的阴声与怪气

在千佛洞的悬梯及高层台阶上，乃至峡谷内的客栈里，偶尔会听到谷底处行人般嚓嚓的脚步声或敲门声，当你定睛细看、倾耳细听时，却是声、人皆无。此时此刻，即使是饱经风霜的入谷探秘探险者，也会毛骨悚然、惊恐失色。

更为甚者，傍晚只身漫步在峭壁摩天、阴森幽暗、阴风惨惨的幽灵谷内，偶尔会听到震撼群山、古怪异常的空谷巨响，势如雄狮狂吼、地震山撼，令人大有山崩地裂之恐惧。谷内千佛洞峰体脚下、青龙潭及幽灵谷等谷底一带，在拂晓或晚间，瞬时会从谷底升起一团如烟似雾的白气，沿山体缭绕移动呈"之"字形蜿蜒腾空。

有人认为，发生阴声、怪气是由于谷内特定地段的奇特地形、风向风力、谷内外温湿差异及地球磁场作用等因素形成的"狭管效应"与其山体及沙土层共鸣所致。但是这种观点显然缺乏科学依据，尚有待科考工作者和有关专家的进一步探讨揭秘。

（2）使人惊恐的神影奇变

在紧靠峡谷入口处内侧突兀的崖壁上有一黑色"神犬"面谷而卧，故名"神犬守谷"。一般季节犬呈黑色，每到七八月份会由黑色变成黄褐色，但无论光线如何变化，这只犬的形状却从不改变。奇怪的是，远看是只犬，近看怪石悬壁。

同"神犬"有类似现象的是灵光洞。该洞深嵌在卧驼峰旁的山腰间。远远望去，洞内有一身穿银灰色罗裙的"仙女"在挥动双臂翩翩起舞，可是当你走进山体离洞近 3 米远处再看时，"仙女"的影像不再出现。

（3）神水、神风之谜

盛夏，在谷外骄阳似火，汗流浃背。进入谷内，特别是一线天、月牙谷、幽灵谷和冷风胴等地方时，瞬间遍体生凉，暑汗全消。在谷内还有一股忽左忽右、忽前忽后、忽上忽下的神风，万古不歇。风向的瞬时变换与谷忽宽忽窄、峰回路转及内外温差息息相关。

这些都是在说明天山大峡谷的神秘而已。大峡谷在 2002 年荣升为国家 AA 级旅游名胜风景区。如今已经定名的景点有神犬守谷、通天洞、旋天古堡、玉女泉等 40 处，其中通天洞是嵌在百米悬崖之上，洞中有洞，直冲云霄。传说唐朝时有 12 名中原汉僧到西域传经，一路上历尽艰辛来到龟兹，后因寻找佛缘圣山时进人大峡谷，进了通天洞后，羽化成仙。

玉女泉位于峡谷深处紧靠峰基高约 8 米、宽 4 米的山洞的圆形顶壁上，终年有泉水滴落。冬季滴水成冰，凝成了一个上窄下宽、重约千斤、晶莹剔透的巨大冰柱，每年三四月间冰体渐溶，这时它就宛如体态多姿的少女，玉女泉由此得名。

大峡谷除兼有其他峡谷奇峰林立、雄伟壮观等共性外、还具有一峰多景、景趣超凡的独特风貌。

11. "东方小麦加"：中国新疆吐峪沟大峡谷

中国新疆吐鲁番市以东 47 千米、鄯善县境内火焰山中，有一个历史文化悠久、自然景观奇美的峡谷，名叫吐峪沟大峡谷，它素有"东方小麦加"之称。吐峪沟大峡谷位于火焰山中段，北起苏巴什村，南到麻扎村，两村间的峡谷长约 12.5 千米，从北向南把火焰山纵向切开，色彩分明的山体岩貌清晰可见，峡谷中有火焰山的最高峰。

神秘的吐峪沟大峡谷，不仅有怪石嶙峋、沟谷纵横的峡谷风光，还有藏传佛教大寺院遗迹和具有伊斯兰建筑风格的清真大寺。无论是民宅还是千年前的佛窟，继承了2000多年来用黄黏土建造房屋的传统习惯，都是用黄黏土土坯建造。

  位于大峡谷南沟谷的吐峪沟麻扎村，是新疆最古老的维吾尔族村落。它分布在绿塔耸立的清真大寺四周，有百十户人家。这个村庄完整地保留了古老的维吾尔族传统和民俗风情。徘徊在峡谷底处的村落中，仿佛置身于世外桃源。

  吐峪沟千佛洞是悠久历史的文化见证，是佛教传入中国最重要的驿站。吐峪沟千佛洞石窟比敦煌莫高窟建造的时间早，保存的壁画遗址较多而且引人瞩目。虽然现在那里的面貌已经不如往昔，但仍然吸引着世界各地研究佛教历史、佛教艺术的学者们的目光。

  吐峪沟阿萨吾勒开裴麻扎在伊斯兰教圣地中的地位显赫，是著名的两个麻扎（圣地）之一。它不仅是中国境内的第一大伊斯兰教圣地，而且是世界伊斯兰教七大圣地之一。吐峪沟在千年前曾是王室的佛教圣地，然而当伊斯兰教进入吐鲁番地区时，伊斯兰教徒对佛像进行了毁灭性的破坏。而且这里也发生过地震，励口上海外的文化强盗，壁画和经卷早已散佚一空。

  如今吐峪沟山谷里那些被岁月和战乱掏空了的石窟，仰望起来更像是被挖去眼珠的眼睛，茫然而忧伤。整个山体遍布着历史的伤痕。

十六、壮丽的瀑布景观

"日照香炉生紫烟，遥看瀑布挂前川。飞流直下三千尺，疑是银河落九天。"李白的这首诗，形象而生动地描写出瀑布的风采与神韵。古往今来，人们在各地欣赏瀑布美景的同时，也一直在发出疑问：是谁创造出了这些倾泻不止、气势壮观的瀑布呢？

1. 北美洲尼亚加拉大瀑布

尼亚加拉大瀑布是世界三大瀑布之一，也是世界上最大的瀑布，位于加拿大和美国交界处的尼亚加拉河上。河水流至安大略湖南边的悬岩，忽然从 50 多米的高崖上垂直下泻，形成壮观的巨瀑。

尼亚加拉河在下坠成瀑之前，有鲁那岛和山羊岛突出河面，它们将河水一分为三，形成三股瀑布。其中第一、第二股在美国境内与山羊岛之间，由鲁那岛居中再分流为二，靠东北的一股，幅度达 335.5 米，高 54.9 米，称为"美利坚"瀑布；靠近山羊岛一股，流面只及"美利坚"瀑布的 1/10，称为"新娘"瀑布；第三股在美国、加拿大国境之间，因其流面弯成弧形，称为"马蹄形"瀑布，现通称"加拿大"瀑布，宽达 762.5 米，高 53 米。

尼亚加拉河巨大的水流十之八九是流向加拿大的瀑布，因而加拿大瀑布最为壮观。三条瀑布流面宽达 1160 米，由于河流水源极其丰富而又稳定，河水最大流量可达 6700 立方米/秒。

2. 非洲莫西奥图尼亚瀑布

莫西奥图尼亚瀑布是非洲最大的瀑布，也是世界三大瀑布之一，世界七大自然奇观之一，又叫维多利亚瀑布。位于非洲赞比西河中游，赞比亚和津巴布韦交界处。河水在宽约 1800 米的峭壁骤然翻身，万顷银涛整个跌入约 120 米深的峡谷中，惊天动地。瀑布发出沉雷般的轰鸣，声传十几千米远。瀑布激起的浪花水雾，可升腾到 1500 米的高空，形成柱状的白色云雾在空中缭绕，方圆五六十千米以外都隐约可见。

1855 年 11 月 16 日，英国传教士利文斯敦来到这里，发现了大瀑布，于是以当时英国女王的名字，将它命名为维多利亚瀑布。

1964 年赞比亚独立后，恢复了它原来的名字——莫西奥图尼亚瀑布。"莫西奥图尼亚"在当地语中意为"雷霆之雾"。如今，当地政府在瀑布附近的山崖上建起了一道桥梁——"刀刃桥"，游人站在桥上可一览瀑布全貌。

3. 南美洲伊瓜苏瀑布

在巴西与阿根廷接壤的一角，有一排气势澎湃的瀑布。这些瀑布的宽度加起来将近尼亚加拉瀑布的 4 倍，其高度则超过尼亚加拉瀑布 30 米。这些瀑布，一字排开，约有 24 公里宽，自巴拉那高原的边缘，直泻 82 米之下的魔鬼咽喉峡。峡口岩石上飞溅起团团白雾，展现道道彩虹，瀑布的轰鸣声在 24 公里外也能听到。美国总统罗斯福的夫人参观这一奇景后说："我们的尼亚加拉瀑布与这里相比，简直像厨房里的水龙头。"瑞士植物学家乔达特形容伊瓜苏瀑布之雄伟壮观时说道："我们站在瀑布下，仰望头上82米的高处，那一排排与天相接的波涛，像整个大海倾进无底深渊，实在惊心动魄。"伊瓜苏瀑布是由约275道小瀑布组成的，小瀑布之间是一些长满树木的岩石小岛。瀑布从凝固熔岩和玄武岩之类的坚硬火山岩构成的高原流来。这些岩石不易侵蚀，经得起水流的冲刷，迫使水流在岩石间狭窄的水道通过，构成一个个岩石小岛。有些小瀑布从峡谷边缘一泻到底，但有些则拾级而下，溅起阵阵水花。所有瀑布泻到谷底汇为汹涌急流，奔向南边22公里半的巴拉那河。

在南美洲，只有亚马逊河和奥里诺科河比伊瓜苏河宽。伊瓜苏河大部分河道的宽度在450~900米之间，河水至此变成伊瓜苏瀑布。河水水位的升降以及瀑布的流量，取决于整个流域降雨量的季节性变化。每年11月至第二年3月为雨季，河水猛涨，瀑布每秒钟泻入魔鬼咽喉峡的流量近1360万公升，足以灌满六个奥运标准游泳池。每年4~10月为旱季，流量大大减少，泻入峡谷的流量每秒只有330万公升。大约每40年会出现一次极度干旱的情况，河流完全干涸。上一次是在1978年，当时瀑布只剩下无水的悬崖，干旱持续了一个月，才出现细流，这是瀑布快要复苏的信号。

20世纪初，巴西和阿根廷各自在瀑布两侧建立了国家公园，以保护这里丰富的热带和亚热带生物。树上栖息着鹦鹉等鸟雀，雨燕则在瀑布上陡峭的悬崖间做窝，并在水面低飞捕食昆虫。这里的昆虫极多，包括几百种蝴蝶，有些蝴蝶的翅膀有手掌般大。除此之外还有许多哺乳动物，如豹猫、美洲豹、貘、三种鹿和两种西端（属河马科）。从巴西一边观赏，整个瀑布尽收眼底；但从阿根廷一边，观赏者可自由穿越瀑布，或爬到瀑布底下，观赏瀑布的壮丽景色。伊瓜苏瀑布气势雄奇，塑造出一幅奔放的原始美景，令人赞叹不已。

4. 南美洲安赫尔瀑布

安赫尔瀑布是世界上落差最大的瀑布，位于南美洲委内瑞拉的圭亚那高原，卡罗尼河的支流丘伦河上，藏身于密林深处。瀑布宽150 米，从河坎陡崖凭天泻下，落差达 979.6 米之高。

瀑布分为两级，先泻下 807 米，落在一个岩架上，然后再跌落172 米，落在山脚下一个宽 152 米的大水潭内。瀑布所在地林深草密，人迹罕至。过去，只有当地的印第安人知道这个瀑布的位置，并为它取名为"出龙"。

1937 年 10 月 9 日，美国飞行员安赫尔驾着飞机到委内瑞拉寻找传说中的一条溪流，无意中发现了这个大瀑布，但不幸飞机出事坠毁。后人为了纪念他的这次探险，就将该瀑布命名为"安赫尔瀑布"。雨季时，河流因多雨而变深，人们可以乘船进入密林，一睹安赫尔瀑布的雄姿。在一年的其他时间里，则只能乘飞机从空中观赏瀑布。

5. 中国贵州黄果树瀑布

黄果树大瀑布是黄果树瀑布群中最为知名的瀑布，它位于镇宁布依族苗族自治县城关镇西南约 25 公里，东北距贵阳市 150 公里。最新测量结果表明，黄果树瀑布高为 66.8 米，宽达 81.2 米。因此，黄果树瀑布水量充沛、气势雄壮。

漫天倾泻的瀑布，带着巨大的水流动能，发出轰轰的如雷巨响，震得地颤谷摇，展示出大自然一种无敌的力量与气势。巨量的水体倾覆直下，又形成了大量的水烟云雾，使得峡谷上下一片迷蒙，让黄果树瀑布呈现出了一种神秘的景色。瀑布平水时，一般分成四支，自左至右，第一支水势最小，下部散开，颇有秀美之感；第二支水量最大，更具豪壮之势；第三支水流略小，上大下小，显出雄奇之美；最右一支水量居中，上窄下宽，扬扬洒洒，最具潇洒风采。黄果树瀑布之景观，随四季而替换，昼夜而迥异。

黄果树瀑布除去瀑之外，还有两奇：一曰瀑上瀑与瀑上潭，是为主瀑之上一高约4.5米的小瀑布，其下还有一个深达11.1米的深潭，即是瀑上潭。瀑上瀑造型极其优美，与其下的黄果树主瀑形成了十分协调的瀑布组合景观。二曰水帘洞，其为主瀑之后。瀑上潭之下，钙华堆积之内的一个瀑后喀斯特洞穴。

水帘洞，高出瀑下的犀牛潭约40余米，其左侧洞腔较宽大清晰，并有三道窗孔可观黄果树瀑布；右侧因石灰华坍塌，洞体残存一半，形成一个近20米高的岩腔。水帘洞不仅本身位置险要，且洞内之景色颇有特色，然而，长期以来，由于进洞道路艰难危险，除少数探险者敢冒险进洞游览之外，一般游人是很少进去的。

那么，黄果树瀑布如此壮美的景观，又是怎样形成的呢？对于黄果树瀑布的成因问题，可谓是众说纷纭。有人认为它是喀斯特瀑布的典型，是由河床断陷而成的；有人则认为是喀斯特侵蚀断裂——落水洞时形成的。还有一种说法认为，黄果树瀑布前的箱形峡谷，原为一落水溶洞，后来随着洞穴的发育，水流的侵蚀，使洞顶坍落，而形成瀑布，因此是由落水洞坍塌形成了黄果树瀑布。由于一个瀑布的形成过程是与瀑布所在的河流的发育过程紧密相关的，所以黄果树瀑布的形成过程须与白水河的演化发育历史结合起来考虑。这样，黄果树瀑布的发育过程大致可分成七个阶段：前者斗期、者斗期、老龙洞期、白水河期、黄果树伏流期、黄果树瀑布期和近代切割期。其形成时代大约从距今2700万年~1000万年的第三纪中新世开始，一直延续至今，经历了一个从地表到地下再回到地表的循环演变过程。

6. 中国黄河壶口瀑布

万里黄河之上，有一个华夏闻名的大瀑布，这就是壶口瀑布。从平面上看瀑布全景，它的确像一个巨大的壶口，翻滚倾注着滔滔不绝的黄河之水。

壶口瀑布西濒陕西省宜川县，东临山西省吉县，位于两省的交接处。黄河流经这一带地区，渐渐束窄，两岸由于河床下切而呈峡谷。壶口峡谷底宽约 250 ~ 300 米，谷底以上百余米处，崖岸陡立，在龙王坡以上，谷形则宽展平坦，壶口峡谷宛若谷中之谷。黄河在龙王迪以上，河道宽度与峡谷宽度基本一致，而至龙王迪以下，河水在平整的谷底冲蚀出一道深槽，其宽不过 30 ~ 50 米。黄河在宽阔的河槽中突然奔放从束窄到深槽之中，不禁倾泻而下，形成瀑布。"悬注漭旋，有若壶然"，《禹贡》上也记载道："盖河旋涡，为一壶然，故名。"壶口之名由此而来。

壶口瀑布的高度一般在 15 ~ 20 米之间，虽然在我国众多的瀑布中，高度不算很大，然而，壶口瀑布的水量却是我国瀑布之中最大的。巨量的河水，似银河决口，大海倒悬，万马奔腾似地泻下。那气势、那声响，当是华夏国土上最为雄壮的奇观之一。数里之外，便可听到壶口瀑布的轰鸣；瀑布激起的团团水烟雨雾，远远即可看见。倘若走到壶口瀑布的附近岩石上，则觉大地强烈地颤抖着，山谷回荡着隆隆的雷鸣般声响，仿佛在河水的巨大冲击之下，大地山谷已觉得无法抵抗，任凭河水肆虐。河水冲刷岩石，带走泥土，大地山谷唯有恐惧地抖动着，不停地发出呻吟。

壶口瀑布风光随四季而变幻。春季之壶口瀑布，上游冰雪开始消融，所谓"桃汛"来临。时值桃红柳绿之际，风和日丽，远山开始披上一层淡淡的翠绿。然而，上游的冰凌仍不时漂浮而下，汇聚在壶口瀑布的上游宽阔的河道，继而倾泻跌下，如山崩地裂，琼宫惊倾，激起玉屑冰晶，四处抛洒。此时之水色山光，显得格外妩媚。

而当夏季来临，黄河进入洪汛时期，河水水位急骤抬高，反而减低了瀑布的原有落差，从而使壶口瀑布变成了一滩急流。这一现象与瀑布通常在洪季更显得气势磅礴的特性不尽相同，此时去观赏瀑布，则无法见其本色。

那么，这气吞山河的壶口瀑布，又是怎样形成的呢？

任何一个瀑布的形成和发育，是与其所在河流的发育演化紧密联系在一起的，壶口瀑布也不例外，它与黄河河道的发育是分不开的。在地质时期，壶口之下龙门地区曾发生过强烈的地壳构造运动，产生了断裂，并沿断裂面发生了显著的相对位移，形成了东西走向的断层。自北南流的黄河，流经断层时，便产生了瀑布急流。瀑下河床由三叠系砂岩夹薄层页岩组成，质地并不十分坚硬，所以日渐被冲蚀，形成深槽。同时，砂岩倾角较缓，只有3°~4°，几乎近于水平，也是形成壶口瀑布的重要条件之一。

黄河是中华民族的象征，壶口瀑布似乎又是华夏子孙所蕴蓄着的无限的内在力量的象征。壶口是黄河的著名天堑，壶口瀑布是万里黄河之上唯一的一座瀑布，它与雄伟多姿的龙门和号称"九河之蹬"的孟门合在一起，组成"黄河三绝"。

7. 非洲维多利亚瀑布

维多利亚瀑布位于在非洲南部赞比西河中游的巴托卡峡谷区，有一落差高达106米的大瀑布，它就是维多利亚瀑布，地跨赞比亚和津巴布韦两国。维多利亚瀑布场面极其雄伟壮阔，万顷银涛整个跌入百米深的峡谷中，万雷轰鸣，惊天动地，溅起的白色水雾有如轻烟在空中缭绕。

赞比亚的中部高原是一片数百米厚的玄武熔岩，熔岩于2亿年前的火山活动中喷出。熔岩冷却凝固，出现格状的裂缝，这些裂缝被松软的物质填满，形成一片大致平整的岩席。约在 50 多万年前，赞比西河流过高原，河水流进裂缝，冲刷裂缝的松软填料，形成深沟。河水不断涌入，激荡轰鸣，直至在较低的边缘处找到溢出口，注进一个峡谷。第一道瀑布就是这样形成的。但这一过程并没有就此结束，瀑布口下泻的河水逐渐把岩石边缘最脆弱的地方冲刷掉；河水不断地侵蚀断层，把河床向上游深切，形成与原来峡谷成斜角的新峡谷；河流一步步往后斜切，遇到另一条东西走向的裂缝，并把里面的松软填料冲刷掉；整条河流沿着格状裂缝往后冲刷，在瀑布下游形成之字形峡谷网，瀑布群就此形成。

瀑布的下冲力如此之强，以至引起的水雾，远达 40 千米外就可以看到。

维多利亚瀑布被巴托卡峡谷上端水面的四个岛屿划分为五段，最西一段被称为"魔鬼瀑布"。此瀑布以排山倒海之势，直落深谷，轰鸣声震耳欲聋。该地段宽度只有 30 多米，水流湍急，即使旱季也不减其气势。与魔鬼瀑布相邻的是"主瀑布"，流量最大，高约 93米，中间有一条岩缝。主瀑布东边是南玛卡布瓦岛，因利文斯敦乘独木舟到达此岛而得名。而南玛卡布瓦岛东边的一段瀑布被称为"马蹄瀑布"。再往东去，是维多利亚瀑布的最高段，在此段峡谷之间，水雾飞溅，经常会出现绚丽的七色彩虹，被称为"彩虹瀑布"。维多利亚瀑布最东面的是"东瀑布"，它在旱季时往往是陡崖峭壁，雨季才挂满千万条素练般的瀑布。在大瀑布的第一道峡谷东侧，有一条南北走向的峡谷，峡谷宽仅 60 多米。整个赞比西河的巨流就从这个峡谷中翻滚呼啸狂奔而出。峡谷的终点被称作"沸腾锅"，这里的河水宛如沸腾的怒涛，在天然的"大锅"中翻滚咆哮，水沫腾空达 300 米高。峡谷东部有处景观叫"刀尖角"，是突出于峡谷之中的三角形半岛，该地中途骤然收窄，直至成刀尖状。从刀尖角到对岸有 30 多米的间隔，在 1969 年建有一座宽两米的小铁桥用来沟通峡谷两岸。居住在维多利亚瀑布附近的科鲁鲁族人，非常惧怕维多利亚瀑布，从不敢走近它。邻近的汤加族人则视瀑布为神物，每年都在东瀑布举行仪式，宰杀黑牛祭神。

8. 北大西洋深海大瀑布

世界最大的瀑布不在陆地，而在大洋深处。人们最近发现，世界海底最大的瀑布地处丹麦海峡海面之下，约有 200 千米宽，每秒携带 500 万立方米水量，飞流直下 200 米之后，沿洋坡顺流而下，总落差达 3500 米左右。这一水体形成了北大西洋的深层海水。与巨大的海底瀑布相比，安赫尔大瀑布就显得小多了；世界大河亚马孙河每秒有 20 万立方米的水汇入海洋，但与丹麦海峡瀑布的水量相比，简直是"小巫见大巫"了。

深海大瀑布不仅规模大，而且在不同的海域都有发现。如冰岛——法罗瀑布，巴西深海平原瀑布，直布罗陀海峡深海瀑布。这些瀑布的形成，除直布罗陀海峡深海瀑布是由于盐度差异驱动形成之外，其他瀑布均是由温度差异形成的。

考察研究发现，深海瀑布的产生是海水对流运动的直接结果，大块流体的运动，驱使巨大热能量的转移，对海洋环境产生巨大的影响。此外，深海瀑布的形成，乃是海底垂直地形诱发形成的海水下降流动，所以，特殊的海底地形对深海瀑布的形成与规模起着重要的作用。在大洋深处形成的所谓的深海瀑布，实际上是一种极为特殊的下降海流。在一些特定海域人们还发现了一些上升海流，形象地说，这种上升海流是一种"倒过来"的深海瀑布。

由于深海瀑布的发现时间并不长，人们对它的机理认识还只是初步的，更谈不上对它的利用。巨大的深海瀑布就像一座迷宫一样，正吸引着人们对它进行更深入的探索。